矿井突水模拟及机理分析研究

吴孔军 著

黄河水利出版社

图书在版编目(CIP)数据

矿井突水模拟及机理分析研究/吴孔军著.—郑州:黄河水利出版社,2008.9

ISBN 978-7-80734-518-3

Ⅰ.矿… Ⅱ.吴… Ⅲ.煤矿-矿山突水-防治-研究 Ⅳ.TD745

中国版本图书馆 CIP 数据核字(2008)第 151376 号

组稿编辑:王路平 电话:0371-66022212 E-mail:hhslwlp@126.com

出 版 社:黄河水利出版社
　　　　　地址:河南省郑州市金水路 11 号 邮政编码:450003
发行单位:黄河水利出版社
　　　　　发行部电话:0371-66026940、66020550、66028024、66022620(传真)
　　　　　E-mail:hhslcbs@126.com
承印单位:河南地质彩色印刷厂
开本:850 mm×1 168 mm 1/32
印张:4.375
字数:110 千字 印数:1—1 000
版次:2008 年 9 月第 1 版 印次:2008 年 9 月第 1 次印刷

定价:15.00 元

前　言

　　煤矿水害问题不仅严重影响矿山的正常生产,危及从业人员的人身安全,而且还对矿山所在地的生态环境造成严重影响。因此,煤矿水害的治理和研究、恢复生态、水资源的合理利用课题,一直是生产单位和科研机构关注的重点,也是多年来的难点问题。

　　河南省义马煤业集团有限公司(简称义煤集团)下属的石壕煤矿位于陕县观音堂镇境内,1984 年年底建成投产,年产煤 70 余万 t。在煤矿开采过程中,多次出现突水事故,虽然没有造成大的人员伤亡事故,但也极大影响了生产的顺利进行;而且随着开采范围和开采深度的扩大,各种生态环境问题开始出现,如地下水位持续下降、泉水枯竭、土地退化等。河南省地质测绘总院于 2006 年承担"义马煤业集团石壕煤矿水害防治及地质环境恢复工程"项目(财建[2005]785 号),该项目为 2005 年度中央财政环境类项目。在河南省地质测绘总院、中国地质大学(武汉)环境学院的共同努力下,在义煤集团石壕煤矿的大力配合下,项目于 2007 年 11月圆满完成。本书是其中的子课题。

　　本书较系统地研究了石壕地区的水文地质情况,分类研究了煤矿的突水情况,运用神经网络等多种方法相结合判别了突水水源,并对充水途径进行了论证。本书的研究重点在于对煤矿突水机理的分析,运用 MODFLOW 软件模拟突水过程。研究认为,由于煤层的采动,导致煤层顶底板岩体的应力发生变化,使得岩体破坏产生裂隙,下部承压水在裂隙中与岩石发生水岩相互作用,引起裂隙的进一步扩大或者断层的活化,当水压大于隔水层的强度时就会发生底板突水。

该研究成果已经应用于解决石壕煤矿的突水问题,起到了很好的指导作用,在煤矿企业生产中具有一定的实用价值。希望本书的出版,能够丰富煤矿顶底板突水研究理论知识,为广大读者提供学习和交流的平台及学术参考。由于作者学识和知识结构所限,不足之处在所难免,敬请有关专家学者和同行业读者不吝赐教。本书在编写过程中,得到了义煤集团李松营高级工程师的指导和帮助,并得到了中国地质大学(武汉)环境学院宁立波博士的大力协助,在此一并表示感谢。

作 者

2008 年 5 月

目　录

第一章 绪 论

第一节 项目来源及目的和任务

2006年河南省地质测绘总院与中国地质大学(武汉)环境学院共同承担河南省义煤集团石壕煤矿矿井突水模拟及机理分析工作。本书研究内容是2005年度中央财政环境类项目"义马煤业集团石壕煤矿水害防治及地质环境恢复工程"(财建[2005]785号)中的子课题。

石壕煤矿自1984年建成投产以来给国家上缴了大量利税,为国家的经济建设作出了很大的贡献。但由于长期开采,矿山及其周围环境遭到严重的破坏,尤其是矿坑长期大量排泄地下水,致使区域地下水水位持续下降,导致矿区周围民井干涸,泉水枯竭;同时,矿坑排出的地下水含有有毒有害成分,不仅不能直接利用,而且严重污染环境,致使土地退化,农业减产。因此,研究该煤矿的突水机理,采取有针对性的防治措施,不仅有利于煤矿的安全生产,而且对有效保护稀缺的水资源、恢复生态环境、保证矿区人民的正常生活、缓解矿山与周边群众的紧张关系有着积极意义。

本书的研究任务是根据此区的地质条件和前人的工作基础,布置必要的野外工作和钻孔抽水试验,在进行充分调查研究的基础上,分析该矿区的突水历史、突水水源、突水类型以及突水因素,建立矿井突水机理的数学模拟,了解煤矿的突水过程,并针对突水机理提出相应的预防措施和合理的防治建议。

第二节 国内外研究现状

矿井水文地质工作直接影响到煤矿的安全,尤其是矿井水害对煤矿生产影响极大,矿井突水事故对我国经济建设和人民生命财产安全造成了极大的损害,而且随着开采水平的延伸和开采范围的扩大,这种威胁越来越严重,特别是在水文地质条件复杂、水压较高的矿井,受到了底板奥灰岩溶承压水的严重威胁。查清矿井水文地质条件、研究矿井突水机理、进行底板突水预测预报研究、采取有效的手段、确保矿井安全生产,有着重大的理论和实际意义。

矿井水害是制约煤矿安全生产的重要因素。中国煤矿水害事故类型主要有:地表水体水害事故,占中国煤矿突水事故的4.9%;冲积层水水害事故,占1.4%;砂岩类含水层水害事故,占1.4%;灰岩类岩溶水水害事故,占92.3%。可见,防治灰岩岩溶类突水是矿井水害工作的重点。据不完全统计,1956~2003年全国发生突水1 660多次,造成淹井灾害229次,1 000多人丧生,经济损失100多亿元,而且随着开采水平的延伸和开采范围的扩大,这种威胁越来越严重。因此,如何将这些煤矿从承压水上解放出来,实现安全、高产、高效,一直是中国煤炭行业的主要攻关课题之一。

长期以来,对受奥灰承压水威胁的煤层,主要采用两种采煤方法,一是深降强排,二是带压开采。深降强排能根除水患、确保安全,但也存在一些问题:①疏水工程投资大,耗电量大,造成开采成本增高;②强排会引起地下水位大幅度下降,对地面和环境造成极大破坏;③当奥灰水水量丰富,补给水源充足时,强排难以达到效果。而带压开采不仅成本低,对环境的危害也小,是开采受水威胁煤层的主要方法。但带压开采不能确保不发生突水事故,特别是在水文地质条件复杂、水压较高的矿井,受到底板奥灰岩溶承压水的严重威胁。因此,查清矿井水文地质条件、研究矿井突水机理、进行底板突水预测预报研究、采取有效的手段、确保安全生产成为带压开采的关键。尤其对深矿井,承压水水头高,底板承受压力大,水害威胁严重,更有着重大的意义。

一、矿井底板突水机理的理论研究

(一) 国外研究概况

世界上许多国家如匈牙利、波兰、西班牙等,在煤矿开发中都不同程度地受到底板岩溶水的影响。在国外,对煤矿底板岩溶水的研究已有 100 多年的历史,在底板岩体结构的研究、探测技术及防治水害措施等方面,积累了丰富的经验。早在 20 世纪初,国外就有人注意到底板隔水层的作用,1944 年匈牙利学者韦格弗伦斯第一次提出了相对隔水层的概念,认识到煤层底板突水不仅与隔水层厚度有关,而且还与水压有关。突水条件受相对隔水层厚度的制约,相对隔水层厚度是等值隔水层厚度与水压力值之比。同时提出,在相对隔水层厚度大于 1.5 m/atm 的情况下,开采过程中基本不突水,而 80% ~88% 的突水都是相对隔水层厚度小于此值的情况。

苏联学者 B·斯列萨列夫将煤层底板视做两端固定的承压均布载荷作用的梁,并结合强度理论推导出底板理论安全水压值的计算公式,即

$$P_0 = 2K_ph^2/L^2 + \gamma h$$

式中　P_0——底板所能承受的理论安全水压值;

　　　K_p——隔水层的抗张强度;

　　　h——底板隔水层厚度;

　　　L——工作面最大控顶距或巷道宽度;

　　　γ——底板隔水层平均容重。

20世纪60～70年代,突水机理研究仍以静力学理论为基础,但加强了地质因素——主要是隔水层岩性和强度方面的研究。在匈牙利、原南斯拉夫等国,广泛采用了相对隔水层厚度,即以泥岩抗水压的能力作为标准隔水层厚度,将其他不同岩性的岩层换算成泥岩的厚度,以此作为衡量突水与否的标准。

20世纪70～80年代末期,许多国家的岩石力学工作者在研究矿柱的稳定性时研究了底板的破坏机理。C. F. Santos(桑托斯),Z. T. Bieniawski(宾尼威斯基)等基于改进的Hoek - Brown岩体强度准则,并引入临界能量释放点的概念和取决于岩石性质及承受破坏应力前岩石已破裂的程度与岩体指标 RMR 相关的无量纲常量 m 和 s,分析了底板的承载能力。这对研究采动影响下的底板破坏机理有一定的参考价值。

在20世纪80年代末,前全苏矿山地质力学和测量科学研究院突破传统线性关系,指出导水裂隙和采厚呈平方根关系。实质上,其对煤层底板突水问题的研究与岩体水力学问题的研究密不可分。岩体水力学是一门始于20世纪60年代末的新兴学科,自1968年Show D. T. 通过实验发现平行裂隙中渗透系数的立方定律以后,人们对裂隙流的认识从多孔介质流中转变过来。1974年Louis根据钻孔抽水实验得到裂隙中水的渗透系数和法向地应力服从指数关系。以后德国的Erichsen又从裂隙岩体的剪切变形分析出发建立了渗流和应力之间的耦合关系。1986年Oda用裂隙几何张量统一表达了岩体渗流与变形之间的关系。1992年Derek Elsworth将以双重介质岩石格架的位移转移到裂隙上,再根据裂隙渗流服从立方定律的关系,建立渗流场计算的固 - 液耦合模型,并开发了有限元计算程序。目前,在矿井水害研究方面,澳大利亚有些学者主要从事地下水运移数学模型的建立。

(二)国内研究概况

我国早在20世纪60年代就开始了底板突水规律的研究工

作。在焦作水文会战时首次提出了突水系数的概念,用于作为突水预测预报的标准。所谓突水系数就是单位隔水层承受的水压值,即

$$T_s = P/M \qquad (1\text{-}1)$$

式中　T_s——突水系数;

　　　P——水压;

　　　M——隔水层厚度。

20世纪70年代,中国煤炭科学院西安分院考虑到矿压破坏因素对突水系数作了修正,即

$$T_s = P/(M - C_p) \qquad (1\text{-}2)$$

式中　C_p——矿压破坏底板深度;

　　　其他符号含义同前。

至20世纪80年代,考虑隔水层分层岩石力学性质的不同,并参考了匈牙利等值隔水层厚度的概念,我国又一次对突水系数作了修正,即

$$T_s = P/\left(\sum M_i m_i - C_p\right) \qquad (1\text{-}3)$$

式中　M_i——隔水层底板各分层厚度;

　　　m_i——各分层等效厚度换算系数。

我国提出了临界突水系数的概念,即单位隔水层厚度所能承受的最大水压。突水系数概念明确,公式简便实用,表达式中虽然只出现水压(P)和隔水层厚度(M)等两项简单因素,但它却反映突水因素的综合作用,包括矿压破坏底板或促使断裂重新活动的作用。在煤矿生产中起到了积极的作用,故一直沿用至今。由于临界突水系数统计中80%以上是断层突水,所以临界突水系数主要反映的是断裂薄弱带的突水条件。它用于预测正常底板,其数值偏小,这对深部开采起到了束缚和限制作用。

20世纪80年代以后,除煤矿第一线的工程技术人员不断总结、探索突水发生机理外,中国煤炭科学院西安分院、中国煤炭科

学院北京开采所、山东矿业学院、中国矿业大学、中国科学院地质研究所等单位深入现场,做了大量探测观测分析和实验研究工作,在此基础上结合岩石力学理论归纳总结了突水机理新理论。主要有:

1. 薄板结构理论

中国煤炭科学院北京开采所刘天泉院士、张金才博士等认为底板岩层由采动导水裂隙带和底板隔水带组成,并运用弹性力学、塑性力学理论和相似材料模拟实验来研究底板突水机制,采用半无限体一定长度上受均布竖向载荷的弹性解、结合库仑-莫尔强度理论和 Griffith 强度理论分别求得了底板受采动影响的最大破坏深度。将底板隔水层带看做四周固支受均布载荷作用的弹性薄板,然后采用弹塑性理论分别得到了以底板岩层抗剪及抗拉强度为基准的预测底板所能承受的极限水压力的计算公式。该理论首次运用板结构研究底板突水机制,发展了突水理论。但在一般情况下,底板隔水层不满足薄板条件——厚宽比小于 1/5 ～1/7,只有在较薄隔水层条件下才能应用。另外,该理论未考虑承压水导水带及渗流的作用,故使应用受到一定限制。

2. 零位破坏与原位张裂理论

零位破坏与原位张裂理论由中国煤炭科学院北京开采所王作宇、刘鸿泉等提出。该理论认为,矿压、水压联合作用于工作面对煤层的影响范围可分为三段:超前压力压缩段(Ⅰ段)、卸压膨胀段(Ⅱ段)和采后压力压缩段即稳定段(Ⅲ段)(见图 1-1)。

超前压力压缩段在其上部岩体自重力和下部水压力的联合作用下整个结构呈现出上半部受水平挤压、下半部受水平拉张的状态,因而在中部附近底面上的原岩节理、裂缝等不连续而产生岩体的原位张裂。在底板承压水的作用下,克服岩体结构面阻力而扩大,并沿着不连续面发展或形成新的张裂,从而形成底板岩体的原位张裂。煤层底板结构岩体由Ⅰ段向Ⅱ段过渡引起其结构状态的质变,处于压缩的岩体应力急剧卸压,围岩的贮存能大于岩体的保

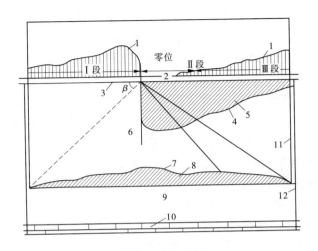

图1-1 底板岩体的原位张裂与零位破坏示意

1—应力分布;2—采空区;3—煤层;4—零位破坏线;5—零位破坏带;

6—空间剩余完整岩体(上);7—原位张裂线;8—原位张裂带;

9—空间剩余完整岩体(下);10—含水层;11—采动应力场空间范围;

12—承压水运动场空间范围

留能,便以脆性破坏的形式释放残余弹性应变能以达到岩体能量的重新平衡,从而引起采场底板岩体的零位破坏,并且认为顶板自重应力场的支承压力是引起底板产生破坏的基本前提,煤柱煤体的塑性破坏宽度是控制底板最大破坏深度的主要参数,底板岩体的摩擦角是影响零位破坏的基本因素,并进一步用塑性滑移线理论分析了采动底板的最大破坏深度。该理论综合考虑了采动效应及承压水运动,阐明了底板岩体移动发生、发展、形成和变化的过程;揭示了矿井突水的内在原因,对承压水上采煤实践具有重大的指导意义;但对于原位张裂发生发展过程缺乏深入研究,其发育高度(厚度)难以确定,限制了其在实际中的应用。

3. 强渗通道说

强渗通道说由中国科学院地质研究所提出。该理论认为底板是否发生突水关键在于是否具备突水通道。这分为两种情况:其一,底板水文地质结构存在与水源沟通的固有突水通道,当其被采掘工程揭穿时,即可产生突破性的大量涌水,构成突水事故;其二,底板中不存在这种固有的突水通道,但在工程应力、地壳应力以及地下水的共同作用下,沿袭底板岩体结构和水文地质结构中原有的薄弱环节发生形变、蜕变与破坏,形成新的贯穿性强渗通道而诱发突水。前者属于原生通道突水,后者属于再生或次生通道突水。该理论重视了地质构造(包括断层和节理)这一薄弱面对突水的影响,但对采动和水压对其产生的影响,尤其是采动矿压的作用缺乏应有的研究。

4. 岩水应力关系说

岩水应力关系说由中国煤炭科学院西安分院提出。该学说认为底板突水是岩(底板砂页岩)、水(底板承压水)、应力(采动应力和地应力)共同作用的结果。采动矿压使底板隔水层出现一定深度的导水裂隙,降低了岩体强度,削弱了隔水性能,造成了底板渗流场重新分布,当承压水沿导水破裂进一步浸入时,岩体则因受水软化而导致裂缝继续扩展,直至两者相互作用的结果增强到底板岩体的最小主应力小于承压水水压时,便产生压裂扩容,发生突水。其表达式为:$I = P_w/z$(I 为突水临界指数,P_w 为底板隔水岩体承受的水压;z 为底板岩体的最小主应力),当 $I < 1$ 时不会发生突水,反之则发生突水。该学说综合考虑了岩石、水压及地应力的影响,揭示了突水发生的动态机理,但对采动导水裂隙带与承压水的再导生以及岩体的抗张强度等问题却未得出定量结论。

5. 关键层(KS)理论

中国矿业大学钱鸣高院士、黎梁杰博士根据底板岩层的层状结构特征,建立了采场底板岩体的 KS 理论。该理论认为,煤层底板在采动破坏带之下,含水层之上存在一层承载能力最高的岩层,称为关键层(见图1-2)。在采动条件下,将关键层作为四边固支的矩形薄板,然后按弹性理论和塑性理论分别求得底板关键层在水压等作用下的极限破断跨距,并分析了关键层破断后岩块的平衡条件,建立了无断层条件下采场底板的突水准则和断层突水的突水准则。该理论抓住了底板岩体具有层状结构的特点,并注意到底板中的强硬岩层在抑制突水中的作用,揭示了在采动条件和承压水作用下采场底板的突水机理。但将煤层底板破裂突水仅仅归结为所谓关键层的破断似乎有些过于简化,忽略软弱岩层在底板突水中的作用显然是不妥的,而且关键层仅是一个模糊概念,在底板为多层岩性层的情况下,究竟应将哪一层岩层作为关键层,在实践中不易掌握。

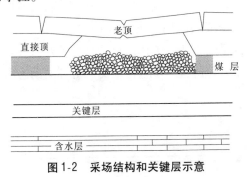

图1-2　采场结构和关键层示意

6. 下三带理论

山东矿业学院特别开采所李白英教授及其同事们经十余年深入隔水层底板内部进行综合观测,并结合相似材料模拟和有限元计算等研究发现:开采煤层底板也类似采动覆岩破坏移动存在着三带(见图1-3),即底板采动导水破坏带,完整岩层带(有效保护层带),承压水导升带(隐伏水头带)。底板采动导水破坏带是指由于采动矿压的作用,底板岩层连续性遭到破坏,导水性发生明显改变的层带。该带的厚度即为底板导水破坏带深度。完整岩层带位于采动导水破坏带之下,其特点是保持采前岩层的连续性及其阻水性能,它是阻抗底板突水的最关键因素,故又称为保护层带。承压水导升带是指含水层中的承压水沿隔水底板中的裂隙或断裂破碎带上升的高度,有时称其为原始导高带。原始导高有时在采动矿压和水压的共同作用下还可再导升。该理论认为,在底板导水破坏带存在层向裂隙带和竖向裂隙带,前者是底板受矿压作用形成压缩—膨胀—压缩反向位移造成的,后者主要由剪切及层向拉力破坏所致。该带如遇隐伏导水断裂或与承压水导升带沟通,就会发生突水。该理论还认为底板导水破坏带的主要影响因素是工作面的斜长尺寸,其次是采深、煤层倾角、岩性强度等。该理论基于大量实测资料,揭示了底板突水的内在规律,对底板突水预测及开采安全性论证、编制采区或水平的安全生产规划,为预防突水而选用合适的采煤方法及工作面尺寸具有重要意义。该理论对保护层带的阻水性能的进一步量化及突水机理的动态力学过程还正在深化研究。

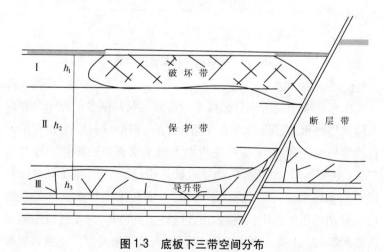

图1-3 底板下三带空间分布

7. 突变理论

法国数学家托姆(Thom)于1972年创立了突变理论,许多学者将突变理论成功引入到岩体工程的稳定性研究中来。青岛建筑工程学院的潘岳根据Mises增量理论,对岩体断层破裂的突变进行理论分析,获得了在非均匀围压下断层释放弹性能的数值表达式,此外也分析了岩石破裂时,断层围岩所施加的负载和约束的影响。东北大学的唐春安利用突变理论,对岩石在加载系统作用下破裂过程的非稳定性问题进行了研究,得到了突变前后岩样的变形突跳量和能量释放量的表达式。中国科学院的邵爱军进一步将突变理论引入到煤矿承压水底板突水破坏的研究当中,通过研究煤矿底板系统能量的失稳变化,建立了预测矿坑突水尖点的突变模型,为研究煤矿底板突水引入了一种新的理论分析方法。

8. 递进导升理论

该理论由中国煤炭科学院西安分院王经明于1994年在进行煤层底板观测时提出。该理论认为在煤层底板隔水层和承压含水层之间存在着导升现象,即承压水沿上覆隔水层的裂隙带入侵。在采动矿压和水压的共同作用下,裂隙开裂、扩展、入侵高度递进发展,当和上部的底板破坏带相接时即发生突水。这一理论很好地解释了采动过程中发生在工作面附近的突水现象,但该理论还难以解释应力已经释放的采空区突水现象。

9. 采场底板四带理论

中国矿业大学施龙青、韩进于2004年在下三带理论的基础上,从现代损伤力学及断裂力学理论出发,建立了采场底板四带理论。该理论根据力学特征将足够厚的采场底板划分成四个组成带。即:Ⅰ矿压破坏带;Ⅱ新增损伤带;Ⅲ原始损伤带;Ⅳ原始导高带。矿压破坏带是指矿山压力对底板的破坏作用显著,底板岩石的弹性性能明显丧失的层带。其特点为:岩石处于黏弹性状态;各种裂隙不仅交织成网,而且贯通性好、导水性能强;岩层的连续性彻底破坏,完全丧失了隔水能力;承压水沿该带突出所消耗的能量仅仅用于克服突水通道中的沿程阻力。新增损伤带是指受矿山压力破坏的影响作用明显,岩石弹性性能发生了明显改变的层带。其特点为:底板岩层的抗压强度明显降低,但岩石仍处于弹性状态;岩石的裂隙得到扩展,尚未贯通;岩石具有一定的连续性和隔水能力;承压水要沿该带突出,其消耗的能量主要用于贯通裂隙。原始损伤带是指不受矿山压力破坏作用的影响或影响甚微,岩石弹性性能保持不变的层带。原始损伤带是抵抗底板突水的关键因素。原始导高带是指不受矿山压力作用的影响,并发育有承压水的原始导高的层带。其特点为:因化学作用,岩石处于弹塑性、塑性状态;裂隙发育参差不齐,并已成为突水通道;岩层的连续性差;底板水从该带突出需克服沿程阻力。该理论明确了各层的概念,从力学理论上进一步深化了突水机理的动态力学过程,确定了各层的厚度,为判断底板突水与否提供了重要的理论基础。

此外,还有很多利用新方法、新理论、新技术来探讨煤层底板突水的机理及预测预报研究。詹炳善利用混合门限自回归模型法(时间序列法)预测底板突水。1991 年,刘正林结合矿井突水现象本身的复杂性,提出在分析突水问题时可多运用以复杂性系统为主要研究对象的耗散结构论、协同论、突变论和灰色系统理论的思维方式,从而为解决突水问题提供了一种新的思路。陈奏生等(1992)利用模式识别方法预测煤矿底板突水。1994 年郑世书等将地理信息系统(GIS)应用于殷庄煤矿微山湖下采区工作面的涌水预测中。李富平(1997)、靳德武、干延福(1998)、汪东(1999)、李定龙(1998)采用神经网络方法对煤矿回采工作面突水预测方法进行了探讨。武强(1995)、冯雅君等(1996)、张文泉等(2000)对采煤工作面突水预测专家系统进行了研制。王树元(1989)、李加祥(1990)、张文泉等(2000)利用模糊数学方法对煤层底板突水进行了预测。1997 年中国煤炭科学院西安分院的王经明率先开发了煤层底板突水的智能化监测技术,及时捕捉重要信息,对减缓矿井突水很有意义。靳德武(1997)、延福(2000)利用动力学和非线性动力学模型对煤层底板突水进行了预测。王成绪(1997)应用数值计算方法,分析了采动对底板隔水层岩体上部和下部的影响与破坏,对底板突水机理提出了一些规律性的认识。靳德武(1998)运用信息论研究了底板突水的预测方法。张西民(1998)、王连国(2001)利用数量化理论对影响底板突水的定性因素的量化分析进行了研究。施龙青(1999)利用概率指数法研究了底板突水的预测方法。张金才等利用薄板模型,也初步得到了底板突水的预报公式。高延法、施龙青等(1999)以力学分析为基础,用统计方法进行归类,探究底板破坏的微观机理,揭示突水的宏观规律,从优势面理论出手,划分了几个突水优势面。魏久传(2000)将岩体损伤与稳定性研究结合形成统一的动态损伤-稳定理论,考虑了时间效应、蠕变机制,引用流变理论,进行煤层底板裂隙起裂扩展的断裂力学分析,对煤层底板突水作出了一些探索性的研究。管恩太、武强(2000)、孙苏南(1996)利用 GIS 多元信息拟合方法研究了底板突水预测模型。靳德武(2000)利用软科学的方法,统计归纳出华北煤田煤层底板突水规律,提出了一些宝贵的经验。2001 年邵爱军等通过研究煤矿底板系统能量的失稳,建立了预测矿坑底板突水的尖点突变模型,导出了系统失稳时受力的临界值及失稳时底板变形和能量释放的表达式。2001 年郑少河等在理论上推导了含水裂隙岩体的初始损伤及损伤演化本构关系,分析了渗透压力对岩体变形的影响机制,从裂隙变形角度出发,定量分析了裂隙岩体断裂损伤效应对岩体渗透性的影响,最后基于两场的耦合机理,建立了多裂隙岩体渗流损伤耦合模型。汪明武(2002)的煤矿底板突水危险性投影寻踪综合评价模型中,指出煤矿底板突水问题是一个复杂系统,提出了基于投影寻踪方法综合分析的新思路来探求煤矿底板突水机制,建立了突水危险性综合评价的投影指标函数,并采用实码加速遗传算法来优化模型参数。王连国(2002)从临界特征出发,认为底板突水通道的形成是由一系列的小破裂发展演化而达到的,因为小破裂的积累才形成大破裂,从而演化到突变。利用重整化群方法研究煤层底板岩层单元体破裂的随机性和关联性。在此基础上,对煤层底板突水的临界特性进行了分析。武强(2002)在开滦赵各庄矿断裂滞后突水数值仿真模拟文中提出了煤层底板断裂构造突水时间弱化效应的新概念。2002年李云鹏用似双重介质模型进行了岩体应力与渗流耦合分析。2002年黄涛基于对深层地下水资源的开采利用和对岩体工程中易发生的地质灾害预测防范研究的目的,提出了开展裂隙岩体渗流-应力-温度耦合作用研究的设想,为环境工程学科中防灾减灾工作及水资源合理利用提供了一个新的研究方法。2002年宫辉力等以非均质各向异性渗流模型仿真裂隙-岩溶水流,建立了地下水优化管理模型,通过设计地下水降深分布求最优开采量的方法,实现对地下水渗流场的优化调控。冯利军(2003)采用可变精度的 Rough 集模型,获得了若干突水规则,这些规则较好地覆盖了突水样例子集包含的突水信息,具有同等的分类决策效果。2005年霍培合在采场底板破坏及底板水动态监测系统中运用电阻率 CT 技术。2006年冯启言、杨天鸿等应用岩石破裂过程渗流与损伤耦合作用分析系统(FRFPA2D),建立了薄煤层底板采动破坏的数学模型,模拟了采动条件下底板的破断失稳、裂隙扩展和突水过程,探讨了底板突水的机理,并对底板易发生突水部位进行了预测。2007年李兴春等在煤巷突水预报中应用红外探测技术。2007年倪良高、罗子付应用矿井瞬变电磁法于煤矿防治水工作中。

(三)底板突水预测预报研究

突水预测预报是近年来矿井突水灾害防治研究的一个重要方面,很多学者致力于这方面的研究工作,取得了重大进展。陈奏生等(1992)利用模式识别方法预测煤矿底板突水。詹炳善利用混合门限自回归模型法(时间序列法)预测底板突水等,将突水预测预报上升到一定理论水平,取得了一定成果。张金才等利用薄板模型,也初步得到了底板突水的预报公式。李金凯、王延福(1985)、李庆广(1987)对华北类型的岩溶煤矿提出了底板突水量的预测方法。李景生等用非稳定流预测矿区涌水量等。黄国明(1996)利用神经网络预测煤层底板突水,采用了遗传算法训练BP网络,利用遗传算法全局最优搜索的特性可完全弥补BP网络的缺陷,在此基础上建立了煤层底板突水组合人工神经网络预测模型,取得了较为精确的效果。冯雅男等(1996)对采煤工作面突水预测专家系统进行了研制。王树元(1989)、李加祥(1990)利用模糊数学方法对煤层底板突水进行了预测。Z. S. Kesseru(1987)、白晨光(1997)利用突变模型预测了矿坑突水。李京红、王晓明(1997)结合煤层底板岩性、岩层组合,从阻水系数的角度研究了带压开采的突水预测。李富平(1997)、靳德武、王延福(1998)、江东(1999)、李定龙(1998)采用神经网络方法对煤矿回采工作面突水预测方法探讨,武强(1995)、冯雅君等(1996)、张文泉等(2000)对采煤工作面突水预测专家系统进行了研制。王树元(1989)、李加祥(1990)、张文泉等(2000)利用模糊数学方法对煤层底板突水进行了预测。靳德武(1997)、王延福(2000)利用动力学和非线性动力学模型对煤层底板突水进行了预测。靳德武(1998)运用信息论研究了底板突水的预测方法。张西民(1998)、王连国(2001)利用数量化理论对影响底板突水的定性因素的量化分析进行了研究。施龙青(1999)利用概率指数法研究了底板突水的预测方法。倪宏革、罗国煌(2000)运用优势面理论研究了底板突水的预测方法。管恩太、武强(2000)、孙苏南(1996)利用GIS多元信息拟合方法研究了底板突水预测模型。靳德武(2003)的华北型煤田煤层底板突水预测信息分析理论、方法及应用,采用了随机－信息方法对底板突水预测信息进行了较为新的研究。众多学者从不同角度探讨了底板突水的预测方法,对于承压水上采煤起到了重大的指导作用。

二、矿坑顶板突水机理的研究

在煤层开采后的覆岩运动和破坏特征研究方面,中国煤炭科学院刘天泉院士提出了覆岩破坏学说。按照长壁开采后,覆岩变形破坏特征及其导水性能,将上覆岩层分为三带,即冒落带、裂隙带和整体弯曲下沉带,目前国内以此理论为研究顶板突水机理的基础。此后,山东科技大学高延法教授突破了传统的三带观念,提出岩移四带模型,认为岩层结构力学模型应划分为破裂带、离层带、弯曲带和松散冲击层带,进一步拓宽了对顶板突水机理的认识。

在突水量预测方面,现场常用的方法是类比法和大井法,有的学者采用了统计学方法、力学平衡和能量平衡方法,并在研究、验证预测突水量的数学模型研究方面做了大量工作,如中国矿业大学的武强等提出了解决煤层顶板涌(突)水灾害定量评价的"三图－双预测法"。郑纲等采用模糊聚类分析法预测顶板砂岩含水层突水量。国外研究员开发的动态预测软件 Zone Budget 是目前国际上通用专业软件系统 MODFLOW 的一个独特功能,它对预测精度要求较高的回采工作面的整体和分段工程涌水量动态预测问题的研究,具有一定优势。

在顶板含水层富水性研究方面,除了传统的水文地质分析方法,有的学者运用多源地学信息复合叠加原理,根据多个水文地质物理场的不同特征,相互对比验证,互相弥补不足,对充水含水层的富水性进行了系统综合分析。

王强等通过对开滦矿务局范各庄煤矿进行采区综合勘查成果的介绍,阐明利用综合物探技术查明煤矿老窑采空区、陷落柱及断层的赋水性,是较为有效的方法之一,特别是利用瞬变电磁方法对断层赋水性的研究效果比较好。在判断突水水源研究方面,陈朝阳等根据各含水层典型水样的化学资料,用判别分析方法建立顶板突水的水源判别模型,以指示测试突水点水样来自哪个含水层和给出归属该含水层的概率。洪雷等利用最大效果测度值法对燕子山矿层工作面突水水源及成因进行了研究,判定了突水水源和导水通道。马广明等利用井下直流电法与红外测温技术预测回采工作面顶板隐伏含水区。在顶板水害预测方面,刘小松等基于GIS 对东滩煤矿顶板突水进行了预测预报,从建立突水的概念模型到运用 GIS 的手法进行建模并得出最终结果。

以上的研究虽然在防治顶板突水方面取得了不小的成果和进展,但还不是很完善,并不能解决所有的顶板突水问题,所以还有待于进一步扩充和发展。

目前国外防治顶板突水主要采用主动防护法,即采用地面垂直钻孔,用潜水泵专门疏干含水层。为了适应预先疏干方法,国外生产了高扬程(达 1 000 m)、大排水量(达 5 000 m^3/h)、大功率(2 000 kW)的潜水泵,其疏干工程已逐渐采用电脑自动控制。

国外堵水截流方法也有很大发展,建造地下帷幕方法愈来愈受到重视。为充分利用隔水层厚度,减少排水量,国外正在对隔水层的隔水机理、突水量与构造裂隙的关系、高水压作业下的突水机理以及隔水层稳定性与临界水力阻力的综合作用等进行研究。

三、地质构造引起底板突水的机理

(一)断层突水机理的研究

统计资料表明,80% 以上的突水事故与断层有关,许多文献从矿压角度出发,分析了断层在采空区的位置及要素与突水的关系,得出断层面倾向采空区方向的采空区边界底板断层最容易发生突水事故,尤其是当断层倾角同最大膨胀线相吻合时,突水最容易发生。

黎良杰、钱鸣高等把断层分为张开型与闭合型分别对其突水机理进行分析,得出张开型断层的突水机理是断层两盘在承压水作用下产生了张开,承压水沿张开裂隙突出,同时对断层带进行渗透冲刷,闭合型断层的突水机理主要是断层两盘按板的规律破坏或断层两盘关键层接触部产生强度失稳,并得出正断层比逆断层更容易突水,闭合型断层在采动影响下可能转化为张开型断层。

白峰青基于极限设计思想的概率方法提出断层防水煤柱设计的可靠度方法,认为断层沿侧向突水的概率小于沿工作面底板突水的概率,随着长壁工作面倾向长度的增加、变异系数的增大、强度的降低,可靠度降低,突水的可能性增大。有的文献从断层突水的临界特性、时效特性、工程地质等方面研究断层突水,采用分形树破坏模型,建立了断层破裂的重整化群变换关系方程。表明当所施加应力仅使断层单元的破坏率 p 小于临界破坏率 $p_c =$ 0. 206 3时,系统破坏仅是局部的;当 p 大于临界破坏率 $p_c = 0. 206 3$时,原有随机无序分布的裂隙逐渐向某吸引域(如断层中的最大剪应力面)集中,直至各裂隙贯通,形成导水通道,引发断层突水。

有的文献利用力学平衡的原理,计算底板断层在垂向方向承受的压力,当垂向方向的压力不平衡时,可能发生突水事故,该力学模型把底板简化为自由边界,与实际情况有较大的出入,但其研究方法值得参考。

施龙青分析了采场断层突水的力学机理,从矿压的角度给出了采场底板断层是否突水的判别方法,认为采场断层发生突水的条件为煤层开采造成的底板破坏深度不小于底板高峰应力线与断层交点的深度。

图1-4为断层突水示意图,总结起来断层突水可分为两种情况:一种是富水导水断层突水,当采掘直接揭露导水断层时,形成了突水通道,产生突水;另一种是充填胶结好,闭合的不导水断层,在矿山压力、采动破坏、固流耦合作用下,使得断层的导水性增加,形成突水通道,引起突水,即所谓的断层活化。

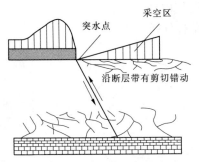

图1-4 断层突水示意图

(二)岩溶陷落柱的突水机理

统计资料表明,陷落柱突水事故远小于断层突水事故,但陷落柱突水事故后果严重,其主要原因是陷落柱的数量一般来说小于断层的数量,且相对较容易勘测,可提前采取保护措施。另一方面,陷落柱的渗透性一般较好,一旦与底部高承压水沟通,其渗透速度、流量、压力都比较大,这就是陷落柱突水事故严重的主要原因。有学者利用图1-5所示的力学模型,采用弹性力学理论导出中心至采煤工作面的距离。式(1-4)~式(1-6)可用来预测陷落柱突水。

$$\varepsilon_{\theta max} = \frac{2(1 - \mu^2)}{E} \cdot \frac{a^2}{b^2 - a^2} p_0 \qquad (1\text{-}4)$$

$$p_0 = \frac{E\varepsilon_{\theta max}(b^2 - a^2)}{2a^2(1 - \mu^2)} \qquad (1\text{-}5)$$

$$b = \sqrt{\frac{2a^2(1 - \mu^2)p_0 + a^2 E\varepsilon_{\theta max}}{E\varepsilon_{\theta max}}} \qquad (1\text{-}6)$$

式中　　E——煤体弹性模量;

　　　　μ——煤体泊松比;

　　　　p_0——陷落柱内承压水压力;

　　　　$\varepsilon_{\theta max}$——煤体最大抗拉应变;

a——陷落柱内径；

b——陷落柱外径。

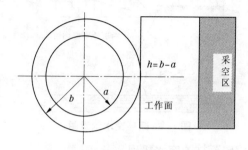

图1-5　陷落柱突水模型

根据目前的研究成果及突水事故表明,岩溶陷落柱突水主要分两种情况,一是采动诱发不导水的陷落柱导水而发生突水事故;二是开采揭露了原生导水陷落柱而发生的突水事故。这两种情况都可能发生突水事故,但其前提条件是陷落柱与底部高承压含水层直接或间接沟通。

(三)巷道突水机理的研究

掘进巷道引发的突水事故也比较多,与其他类型的突水事故相比,巷道突水有其明显的特点,就是迟到(或滞后)突水,其前兆往往被人忽视,没有及时采取措施而造成了严重的突水事故,很多文献详细描述了巷道滞后突水的全过程及其共性,即:

(1)岩石破碎遇水膨胀;

(2)上下岩层或本岩层富含水;

(3)突水点与断裂构造带连通;

(4)支护不及时或支护结构后面有空隙,能允许围岩很快产生大变形;

(5)出水时间滞后,即均在围岩被揭露一定时间后发生;

(6)突水时有明显的诱导因素;

(7)初时突水为集中涌水,水量较小,之后伴随围岩或支护的破坏,水量逐渐增大,最后出现大面积淋水;

(8)涌水量增加是渐次递增,并数次突变,在达到稳定涌水量前一阶段递增突变尤为迅速;

(9)在达到一定涌水量后,水量趋于稳定。

有文献以现场为背景,采用数值方法,模拟了巷道滞后突水的发展过程,认为巷道突水是掘进破坏了围岩的有效隔水层,即围岩产生裂隙与含水层或导水构造带沟通,压力水的冲刷使得渗透通道不断扩大,最后失稳造成突水事故。

四、数值模拟

山东科技大学特别开采所曾于20世纪80年代末分别对王凤矿区1955工作面、赵各庄矿区2137工作面和东Ⅲ断层以及澄合矿进行了室内相似材料模拟,得到了顶、底板活动及应力分布规律。对断层带附近的应力分布及断层在采动过程中的活动性进行了研究,得出煤柱宽度小于某一临界值时,开采对断层的重新活动产生影响的结论。黎梁杰(1995)的采场底板突水相似材料模拟研究中提出,在无断层构造条件下,底板在承压水作用下呈O-X型破坏,并且在O与X的交点处最容易产生突水通道;在有断层构造条件下,断层突水的实质是在承压水作用下断层两盘的关键层向上产生相对移差。

山东科技大学特别开采所李白英教授及其研究生唐孟雄(1990)进行了二维非线性有限元电算模拟,获得了底板应力分布、煤柱变形、煤层底板移动变形规律、底板岩层的破坏状况以及矿压和水压共同作用下底板的破坏、煤层开采对断层重新活动的影响等方面的认识,得出了初次来压和周期来压对底板破坏大、来压步距越大底板破坏越大的结论。高航(1987)等对受煤层底板承压水威胁煤层进行了有限元模拟,得到了矿压、水压对底板影响的规律。肖洪天(1989)等对周期来压时不同工作面长度对底板的影响进行三维电算数值模拟。凌荣华、许学汉等(1991)通过对底板岩层的三维应力数值模拟,分析了底板岩层的采动效应,总结出底板应力变化的一系列规律。刘红元、唐春安(2001,2003)利用开发的岩层破断过程分析系统,对承压水底板的失稳过程进行了数值模拟,分析了承压水底板失稳的机理,对突水部位进行了预测。2005年弓培林、胡耀青等提出了围岩应力场及渗流场耦合作用的相似理论,研制了三维固－流耦合相似模拟试验台,完善配套了加载系统、测试系统、开采系统和渗流场的模拟与测试系统。2006年孙文斌对断层的作用影响与底板岩体的破坏规律用国际大型有限元计算软件 Ansys 进行数值模拟研究。

五、现场观测和突水资料统计

在现场观测研究方面,山东科技大学、中国煤炭科学院、北京开采研究所、西安分院、唐山分院、重庆分院等单位与生产单位一起,借助于钻探、地震、电法、地质雷达、声波探测仪、超声成像等技术手段,成功地进行了底板含水层的水位、断层、陷落柱等构造,断层导水性、导水裂隙带、突水构造等方面的探测研究。深入底板隔水层对底板岩层在煤层开采前后的应力变化、位移变化规律、底板变形和破坏等进行了现场观测,通过综合分析确定了底板岩层的采动效应及底板破坏带的范围,从而确立了底板突水机理的理论基础,同时为承压水上开采起到了重大的指导作用。另外,山东科技大学、中国科学院地质研究所等还在现场进行了水力压裂试验,用于测定底板隔水层的岩石力学强度。

在突水资料统计方面,峰峰矿务局杨振安(1984)、中国煤炭科学院张金才(1991)对华北矿区底板突水工作面沿走向突水点位置进行了统计分析,结果表明,大多数突水发生在刚从切眼推进 20～30 m,与初次来压步距相当。王作宇等(1992)对焦作、峰峰、淄博、邯郸、井隆、徐州、新汉、肥城等矿区部分矿井回采工作面底板出水资料进行了分析,发现在工作面内及上、下出口附近切眼处、停采线处的煤壁附近易发生底板突水,底板突水 60% 以上伴随底鼓;据对焦作、淄博、峰峰、井隆等矿区突水资料统计,底板突水绝大部分与断裂构造有关,由断裂引起的底板突水次数占总突水次数的 58% ~ 95%。工作面老顶初次来压引起的底板突水占 65% 以上,二次来压占 25% 左右。肥城、淄博(1977,1980)等矿务局通过突水资料统计还得出了底板的极限隔水层厚度与水压力呈抛物线关系的结论。中国煤炭科学院朱泽虎等对底板突水与隔水层厚度的关系作了统计分析,发现多数矿区所发生的底板突水,其隔水层厚度小于 40 m。王作宇等(1992)研究表明,在一定的水压值条件下,底板隔水层厚度越大越安全,越薄越易引起突水。施龙青(1999)对肥煤矿区的突水资料进行了系统、全面的整理,揭示了该煤田的重力滑动构造对突水规律极其重要的影响作用。对突水资料的统计分析是寻求底板突水规律的基础,对底板突水预测和防治具有重要的指导意义。

六、底板突水研究应重视的问题和发展趋势

目前煤矿底板突水应重视的问题归纳为以下 7 个方面:①加强对底板岩体节理的研究;②重视水压对底板失稳作用的研究;③加强对底板隔水层岩性结构特征及其对隔水层隔水性能的影响研究;④探索对底板隔水层破坏的时间效应;⑤加强对采动和高压水共同影响下的岩体渗流特征的研究;⑥研究煤层覆岩运动结构对底板突水产生的作用和影响;⑦加强对突水发生条件和突水预测预报理论的研究。结合有限元模拟,分析了底板岩层阻水性能建立了底板突水的层次——模糊综合评判系统和基于模糊准则的集成人工神经网络底板突水预测系统的理论模型。在此基础上,以先进的计算机语言和算法完成了水害信息数据库及多元空间信息

拟合分析系统,初步开发完成了集成基础信息数据库(DB)、确定性与模糊性并行处理的专家系统(ES)和模糊神经网络(FANN)、具有基于并列协同法的三元结构的底板突水预测预报系统。

我国煤矿突水机理和预报研究近几年得到了飞速的进展,从以前的突水系数法,到现在的各种新理论的出现,下三带理论、零位破坏与原位张裂理论、板模型理论、关键层理论、突变及非线性模型、突水优势面理论、底板突水的动力信息理论、强渗流说、相似理论法、岩－水应力关系说等突水判据等。目前这些成果为防治煤矿底板突水起到了积极的指导作用。但也存在明显的弱点:不能解释涌水量和岩层破坏程度的关系,把岩体和水分开研究,实际上是没能考虑渗流与破坏的相互作用,因此从应力场与渗流场共同作用方面研究突水规律,将与实际更吻合。现在许多新方法的应用,如人工神经网络系统、自回归模型、多元统计、数值模拟方法、物探方法、红外线技术,它们都从不同的方面对煤矿突水预测与预报作出了贡献,但是只是一种方法的应用,与实际情况存在一定的误差,许多数值模拟方法只是用水量的预测或者岩石应力应变的模拟,很少能把两者结合起来。现在渗流场和应力场的耦合是研究煤矿突水机理的发展趋势,一些学者也在这些方面作出了一些成绩,但是不能把突水过程中应力变化与水位、突水量很好地结合起来。

第三节　研究内容和研究方法

一、研究内容

(1)研究区基础地质、水文地质、工程地质条件分析。

(2)突水因素分析。煤层底板突水影响因素一般有地质构造二底板岩层岩性及其组合特征、含水层的富水性、含水层水头压力、矿山压力及地应力等。通过研究石壕煤矿实际突水资料,一般认为大采深条件下煤层底板突水是多种因素共同作用的结果,奥灰的富水性是基本因素,构造裂隙发育和高水压是主导原因,采动矿压是促进因素。

(3)矿井突水类型分析。矿井突水一般分为两种类型:①采掘型突水,指煤矿在建设与生产过程中,巷道直接揭露底板灰岩含水层而造成矿井充水。②构造型突水,主要指由于断裂构造上、下盘的相对运动,造成煤层直接与含水层对接,或由于构造破碎带造成各含水层之间的水力联系而引起的突水。这种类型的突水,水量大且速度快,最近几年的几次大规模的淹井事故都属此型。本研究拟在对石壕煤矿矿井突水类型进行分析,之后进行机理研究。

(4)针对突水灾害的形成机理,提出相应的治理建议,在采取必要的堵水措施外,可以考虑利用已经遗弃的废旧矿井作为地下水库的储水空间,其优点是既防治水害,又减少排水、保持地下水位的相对稳定,维持生态环境的健康发展。

二、研究方法

(1)用神经网络方法判别突水水源。以能够同时处理众多影响因素与条件的不准确信息问题著称的人工神经网络(ANN)技术,在复杂水文地质条件的矿井突水预测上,具有独特的优越性。进行水源判别时,由于各个含水层水质特征界限往往不明显,具有很大的模糊性、不确定性,很难根据单个因子进行判别,需综合多个因素进行判别。人工神经网络是对人脑或自然的神经网络若干基本特性的抽象和模拟,是一种非线性的动力学系统。它有大规模的并行处理和分布式的信息存储能力,良好的自适应性、自组织性和很强的学习、联想、容错及抗干扰能力,在判别这类具有模糊性的问题上有明显的优势。

(2)用有限元建立数学模型模拟突水过程,进行突水机理分析。有限元法是解地下水运动偏微分方程的主要数值方法。它具有以下特点:①使用灵活的网格,便于处理曲线边界和放稀、加密结密生成的节点方程对所有节点都高度统一;②生成的导水系数矩阵对称、正定,便于用平方根法求解;便于处理各向异性。这项技术不仅可以对不同开采水平的矿井涌水量作出预测,而且可以模拟断层(裂隙)型突水通道的具体空间展布位置和确定其通道的水文地质参数以及预测通道的涌水量。该方法对矿井突水灾害的预测基本上达到定量化的要求。

第二章　矿区的地质概况

第一节　矿区的自然地理及经济概况

一、矿井位置与交通

义煤集团公司石壕煤矿,位于河南省陕县观音堂镇境内。其地理坐标为北纬34°45′10″,东经111°32′59″。西距三门峡市约35 km,东距渑池县城约22 km,距义马市31 km,距洛阳市87 km。该矿建有铁路专线2.50 km,在观音堂镇火车站与陇海铁路接轨。陇海铁路、310国道和连霍高速公路从矿井南部通过,至三门峡市和洛阳市均有公共汽车,公路四通八达,交通极为便利(见图2-1)。

图2-1　石壕煤矿交通位置

二、地形地貌

石壕煤矿位于豫西崤山东部,属低山山区,地势总体呈北部高南部低,中部高东部和西部低。最低海拔 544.1 m,最高海拔 822.3 m,相对高差 288.2 m。西部及北部基岩广泛出露,"V"字形沟谷发育,北部由马头山砂岩形成近南北走向的单面山,反地层倾向,山坡较陡,东部发育黄土地貌,以黄土丘陵为主,"U"字形沟谷发育(见图 2-2)。

三、气象水文

本区属温带大陆性气候,夏季酷热,冬季严寒。据渑池县气象站资料,气温 6~8 月份为最高,1~2 月份为最低,多年平均气温 12.6 ℃。多年平均降水量为 500~600 mm,雨季出现在 6~9 月份,占全年降水量的 30%~40%(见图 2-3)。蒸发量最高为 5~6 月份,蒸发量为 312.2~360.0 mm;最低为 12 月~翌年 2 月,蒸发量仅 59.7~118.0 mm。

本区地表水系不发育,无较大地表水系,最大的河流为甘壕河,是黄河的四级支流。其发源于南沟村附近,从东向西横贯井田南部,河床宽 4.00~10.00 m,据 2004 年 11 月 17 日观测流量为 27.2 m^3/s,雨季暴涨,瞬时流量达 422 m^3/s,显示山区河流特点。甘壕河与硖石河汇入清水河流入黄河。另外,在孙家坪沟、甘壕后沟、柿树坪沟、瓦窑沟及六号井沟等呈梳状分布的小溪,以排泄洪水为主,并汇入甘壕河。其他如排沟、王沟等流量均较小。据 2004 年 8 月观测,排沟流量为 0.005 5 m^3/s,王沟流量为 0.005 m^3/s。本区地表水系如图 2-4 所示。

四、区内经济状况

石壕煤矿属于国有煤矿,现有正式职工 2 000 多人,年产原煤 68 万 t,产值 1.8 亿元,年上缴利税 1 000 余万元。区内矿产有煤、铝土矿、硫铁矿、石灰石,粮食作物以小麦、玉米、红薯为主,经济作物有棉花、花生、烟叶等。

(a)

(b)

图 2-2 研究区地貌

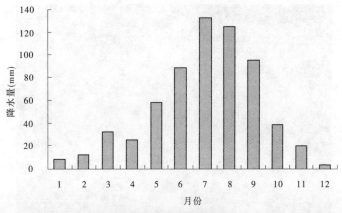

图2-3 月平均降水量分布

图2-4 研究区地表水系

第二节 煤矿概况

石壕煤矿位于陕渑煤田的西部,井田南北长 4.54 km,东西宽 2.5 km,面积 11.35 km²。开采煤层为山西组二₁煤层,属主焦煤。煤层厚度 0~34.8 m,平均厚度为 4.45 m。煤层倾角 8°~15°,平均倾角 13°。

石壕煤矿于 20 世纪 60 年代由洛阳煤矿设计院设计,开采二₁煤层,设计生产能力为 60 万 t/a。1971 年 12 月开始建井,1984 年底建成投产。2004 年 4 月核定生产能力为 75 万 t。从投产起截至 2004 年底,累计采出原煤 524 万 t,采区动用资源储量 694 万 t,矿井回采率为 65.3%。采空区面积约为 1.15 km²。

该矿区用立井分水平上下山开拓方式,开采方法为走向长壁全部垮落法,采煤方法以炮采为主,金属支架支护。通风方式为中央并列式,矿井总进风量为 1 730 m³/min,有效风量为 1 488 m³/min,排风量为 1 840 m³/min。矿井排水采用 200D65×9 型大泵 5 台(其中备用 1 台),排水能力为 800 m³/h,正常涌水量约 300 m³/h,最大涌水量 384 m³/h。采掘范围内二₁煤层的厚度变化较小,一般为 3.50~4.50 m。矿井瓦斯相对涌出量为 1.478 m³/d,2004 年瓦斯等级鉴定为低沼矿井,目前生产水平为 +120 m 以浅。

第三节 矿区的地质条件

一、地层

矿区地层的出露从老到新有古生界奥陶系、石炭系、二叠系和新生界新近系、第四系。由老到新简述如下。

（一）奥陶系（O）

1. 下统冶理组（O_1y）

下统冶理组厚 40~70 m，与下伏寒武系地层呈平行不整合接触。下部由鲕状结构的白云质灰岩组成，上部为灰色、浅灰色白云质灰岩，具竹叶状结构，或夹黑色燧石条带及结核（见图2-5）。

图2-5 研究区的白云质灰岩露头

2. 中统马家沟组（O_2m）

中统马家沟组厚 0~30 m，与下伏冶理组呈平行不整合接触。灰色、深灰色厚层状灰岩，致密坚硬，裂隙常充填方解石脉。偶见薄层角砾状灰岩。

（二）石炭系（C）

1. 中统本溪组（C_2b）

中统本溪组下起古风化壳残积底面，上止一$_1$煤层底板，厚 1.00~39.00 m，平均 6.20 m，与下伏奥陶系为平行不整合接触。

其下部为灰色、灰绿色、浅红色铝土岩,含菱铁质鲕粒,富含黄铁矿结核,局部呈条带状、鸡窝状赋存;上部为灰色、深灰色铝土质泥岩及黑色泥岩(见图2-6)。

图2-6 露天铝土矿坑

2. 上统太原组(C₃t)

上统太原组下起一₁煤层底板,上止硅质泥岩或灰泥岩顶,厚度22.00~63.55 m,平均38.40 m,与下伏本溪组为整合接触。其下部为中粗粒石英砂岩、砂砾岩及泥岩,平均厚度为9 m;中部为泥灰岩、灰岩及泥岩,平均厚度为10.5 m;上部为砂质泥岩,细－中粒石英砂岩,一般厚度为10 m;顶部为泥岩、泥灰岩、夹粉砂岩、细砂岩,一般厚为4 m左右。太原组中夹薄煤层5~6层,其中一₁煤局部可采。

(三)二叠系(P)

二叠系分为下统山西组、下统下石盒子组和上统上石盒子组、石千峰组,平均厚度为542.70 m。

1. 下统山西组(P_1sh)

下统山西组厚36~109 m,平均厚度为65 m。其由灰白色、灰色石英长石砂岩和灰黑色、黑色泥岩、砂质泥岩构成,与下伏太原组整合接触。其含煤2~5层,为二煤组,其中二$_1$煤为井田内唯一开采煤层。二$_1$煤层厚度变化大,厚0~34.80 m,平均厚度为4.45 m,大部分可采。

2. 下统下石盒子组(P_1x)

下统下石盒子组下起砂锅砂岩底,上止田家沟砂岩底,厚度141~310.23 m,平均厚279.21 m,分上、下两段,与下伏山西组为整合接触。

下段:下起砂锅窑砂岩底,上止四煤组底板砂岩底,厚度101.71 m。

其底部为灰色、灰绿色细-中粒砂岩,泥质胶结,含少量暗色矿物及铁质结核,俗称"砂锅窑砂岩",平均厚8.71 m,为主要标志层之一,局部相变为砂质泥岩。

其下部为灰色、灰绿色砂质泥岩,具紫斑,较致密,含少量云母碎屑,富含铝土质,具滑感,夹一层厚0.50~1.00 m灰白色铝土质鲕状泥岩,含薄煤一层,多呈煤线或炭质泥岩。该层厚1.88~58.50 m,一般14.00 m左右,俗称"大紫泥岩",为本区辅助标志层。

其中上部为青灰色、浅灰色、紫红色砂质泥岩,夹薄-中厚层状灰绿色、灰色、浅灰色细-中粒砂岩。

上段:下起四煤组底板砂岩底,上止田家沟砂岩底,厚177.50 m。

其下部由黄绿色、灰绿色、灰色细-中粒长石石英砂岩和深灰色泥岩组成,含薄煤1~3层,均不可采,泥岩中富含植物化石。

其中部为紫灰色、青灰色、灰绿色含紫斑泥岩、砂质泥岩及深灰色、灰色砂质泥岩、泥岩,含少量的植物化石,夹中厚层状灰色、灰白色细 - 中粒长石石英砂岩,具微波状层理,偶见 1~3 层薄煤层或炭质泥岩。

其上部由青灰色、深灰色、灰绿色含紫斑砂质泥岩、泥岩及灰绿色、灰白色厚层状细 - 中粒长石石英砂岩组成,砂岩为泥质胶结,含少量炭质及云母片,交错层理,底部粒度较粗,局部含细砾。

3. 上统上石盒子组(P_2s)

上统上石盒子组下起田家沟砂岩底,上止马头山砂岩底,厚 112~189 m,平均厚度 130 m。它与下伏下石盒子组为整合接触。

其底部为灰绿色厚层状细粒长石石英砂岩,局部中粒结构、泥质胶结、含方解石脉,一般厚度为 6.00 m 左右,俗称"田家沟砂岩"(见图2-7),为本区主要标志层之一,其上为灰色、灰黑色泥岩及薄层灰白色砂质泥岩,含薄煤 2 层,其中七$_2$煤偶见可采点,七$_1$

图2-7　田家沟砂岩

煤层多相变为炭质泥岩。

其中上部为杂色泥岩、砂质泥岩与灰色、灰白色细-粗粒长石石英砂岩组合。泥岩、砂质泥岩多含铝质,较致密坚硬,局部灰紫色泥岩中夹薄层燧石;砂岩中含云母片及少量炭质碎屑,胶结较疏松,顶部砂岩横向可相变为紫色泥岩或砂质泥岩。

4. 上统石千峰组(P$_2$sh)

井田内仅发育本组下部岩层,厚 52~93 m,平均厚度为 69 m。井田内大面积出露,构成独山体。岩性为灰白微显浅肉红色,中粗粒石英长石砂岩(俗称马头山砂岩),底部为砂砾岩或砾岩,硅质胶结,厚层状。下部夹 2~3 层暗紫色、灰色泥岩,砂质泥岩薄层。

(四)新近系(N)

新近系厚 0~38 m,平均厚度为 5 m,与下伏老地层为不整合接触。其下部为青灰色、肉红色砂砾岩,砾石成分为灰岩、石英岩,泥钙质胶结,砾石大小不一。其上部为灰白、浅灰-浅红色泥灰岩,具溶蚀孔洞。

(五)第四系(Q)

第四系厚 0~80 m,平均厚度为 13 m。其下部为坡积层,以马头山砂岩、砾岩为主,黄土充填。其上部为褐黄色,暗红色黏土、黄土。其主要分布于地形较低的沟谷地带。

二、构造

石壕井田位于陕渑煤田的西部,处在东西向构造与北东向构造的交会处,两种构造体系相互影响,使矿区地质构造变得较为复杂。区内地层大部分地段较平缓,走向 N40°~70°E,倾向 SE,倾角 10°~20°;而南部地层急剧变陡,地层走向 N30°~70°W,倾向 NE,倾角 20°~40°,直至增大至直立及倒转。

总体构造形态为一轴向近东西向,向东倾伏的宽缓向斜——渑池向斜,断层发育近南北向、北西向和北北西向为主(见图 2-8)。

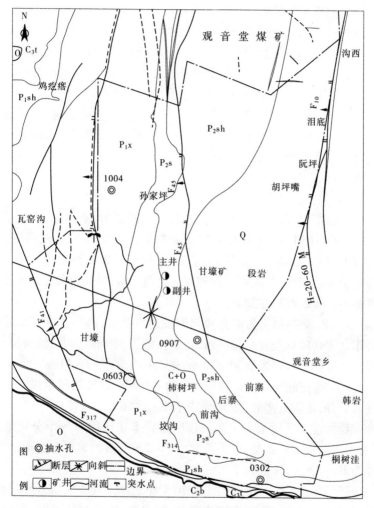

图2-8 矿区构造地质图

(一)褶皱

渑池向斜:位于石壕煤矿的南部,轴部自区外半坡村北—观音堂—杨村煤矿被碌石－义马逆冲断层切割,延伸长度约20 km,区内延伸长度约2 km。轴向近东西向,向东倾伏,轴部地层为下石盒子组(P_1x)、上石盒子组(P_2s)和石千峰组(P_2sh);北翼地层为上石盒子组(P_2s)和石千峰组(P_2sh),地层走向25°~40°,倾向南东,倾角10°~20°;南翼地层为下石盒子组(P_1x)、上石盒子组(P_2s)和石千峰组(P_2sh)。受碌石－义马逆冲断层影响,地层走向90°~135°,倾向北东,倾角15°~70°,南部二$_1$煤层露头附近地层近直立。该向斜为一不对称向斜,由地表露头、采掘工程和钻孔严密控制。

(二)断层

区内断层较发育,共查明落差较大的断层18条,其中正断层17条,逆断层1条,落差大于50 m的断层5条,30~50 m的断层1条,10~30 m的断层10条,小于10 m的断层2条。按其延伸方向可分为近南北向、北西西向和北北西向三组,对井田水文地质条件影响较大的断层主要有:

(1)F_{41}正断层。为矿井西部南段边界断层,由观音堂矿8号井东北250 m处经瓦窑沟之西,止于甘壕街,走向近南北,倾向西,延伸长度约2 km,落差30~70 m,在矿井内落差45~51 m。

(2)F_{44}正断层。为矿西部北段边界断层。该断层经梨树坡东进入矿井,走向近南北,倾向西,延伸长度约6 km,落差0~150 m,向南延伸过310国道后尖灭。该断层在本矿区内有3个分支断层,均为高角度正断层,延伸长度为1~2 km,落差为0~25 m(代号为F_{44-1}、F_{44-2}、F_{44-3})。

(3)F_{45}正断层。位于矿区的中部,由北部进入矿区后,延伸至观音堂镇西尖灭。走向大致为南北,倾向西,倾角60°~70°,区内延伸长度约为5 km,落差0~60 m。

(4)F_{10}正断层。为矿井东部边界。由沟西村东进入矿区,沿矿区东部边界向南延伸至阮坪后形成一分支断层(F_{10-1}),分支断层沿矿区边界向南延伸约 1 km 后,渐向东南偏离矿区。主干断层倾向西,倾角 70°~80°,落差 100~200 m;分支断层倾向北西,倾角65°~70°,落差 45~50 m。

(5)F_{314}断层。位于煤矿南部 0502 孔和 0303 孔附近,延伸长度 0.97 km。断层走向 95°,倾向南 ,倾角 70°,落差 0~10 m,向两端尖灭,属正断层。

(6)F_{317}断层。位于石壕煤矿西南部,边界外自观 10 孔南部向东南经 18 – 2 孔、18 – 4 孔附近至 0602 孔东南尖灭,延伸长度大于 1.30 km。断层走向 295°~310°,倾向北东,倾角 60°~65°,落差 0~15 m,属逆断层。

此外,在生产中井下揭露小于 10 m 的断层 96 条,分为北北西向、近南北向和北东向三组,以北北西向和近南北向较多。断层主要分布于 F_{45} 断层以西,主井和副井以北,多为高角度正断层,一般倾角 60°~70°,呈密集型出现,在剖面上形成较陡的阶梯状,一般落差小,延伸距离短。这些小断层改变了煤层的产状,破坏了煤层的连续性,对巷道掘进和回采带来较大的难度。

第四节　矿区的水文地质条件

石壕煤矿区受区域地质构造影响,水文地质条件复杂。在过去的煤田地质勘探中偏重于地质工作,水文地质工作进行很少,水文地质条件了解较少。根据区域地质构造分析,对矿区的含水层,隔水层及地下水的补给、径流、排泄条件进行论述(见图2-9)。

一、含水层和隔水层

(一)含水层(组)

主要含水层(组)有奥陶系碳酸盐岩和太原组碳酸盐岩岩溶裂隙含水层,二₁ 煤顶板砂岩、马头山砂岩、基岩风化带裂隙含水

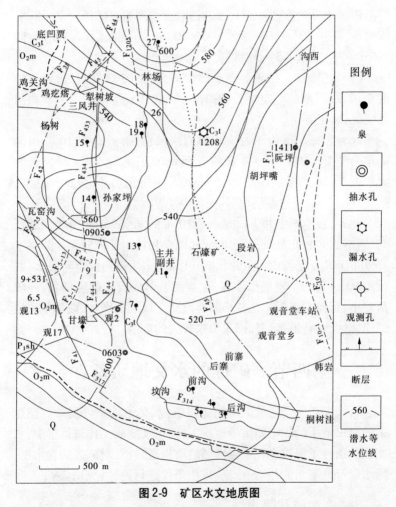

图 2-9　矿区水文地质图

层及新生界砾石、泥灰岩、砾岩孔隙含水层等。其中,奥陶系碳酸盐岩和太原组碳酸盐岩岩溶裂隙含水层、二₁煤顶板砂岩裂隙含水层(组)是矿坑突水的主要含水层(组)。

1. 奥陶系碳酸盐岩岩溶裂隙含水层

井田内的钻孔揭露灰岩厚度为 0~23 m,区域厚度达 300 m,由马家沟组灰岩和冶里组白云质灰岩组成,广泛出露于北、西、南部的周邻山区,主要接受大气降水补给,并沿地层走向及倾向向北东及深部径流排泄。

本含水层段上距二$_1$ 煤底板 85 m 左右,距太原组灰岩约 49 m。在被切割的沟谷中,往往形成泉水,如甘壕河两岸就有大量的泉水出露,其出露标高在 429. 50~619 m,总流量在 170 m^3/h 左右,具有明显的季节性。一般干旱季节仅有极少量的水流,甚至干涸断流, 在雨季,最大单泉流量达 1. 4~54. 9 L/s。

据揭露该地层的钻孔抽水试验,单位涌水量为 0. 002 1~2. 06 L/(s·m),渗透系数为 0. 053~2. 679 m/d,水位标高为 445 m 左右,水化学类型为 HCO$_3$ - CaMg 型水,水温20 ℃,补给径流条件好,导水性强,富水性极不均一,为二$_1$ 煤层底板间接充水含水层。

2. 太原组碳酸盐岩岩溶裂隙含水层

太原组灰岩主要由 1~2 层灰岩组成,呈条带及透镜体状出露于北、南、西部外围山区,是一$_3$ 煤层顶板的直接充水含水层,厚度 4. 65~11. 63 m,总体上,西部发育较为稳定,往东逐渐变薄,距二$_1$ 煤底板 10. 37~54. 68 m。该含水层地表出露较差,岩溶裂隙发育不佳,地表未见泉水出露。据勘查资料及矿井生产的补勘资料,仅在西部裂隙和溶洞较为发育,往东裂隙和溶洞不发育,西部富水性较强,东部富水性较弱,在不同深度和标高均有冲洗液漏失现象。据抽水试验资料,钻孔单位涌水量为 0. 000 3~0. 222 L/(s·m),渗透系数为 0. 003 12~2. 531 m/d,水位标高为 450 m 左右,其水化学类型为 HCO$_3$·SO$_4$ - K + Na 型水,属于岩溶裂隙承压含水层。该含水层富水性相对较弱,但水压较高,为二$_1$ 煤层底板直接充水含水层。

3. 二₁煤顶板砂岩孔隙裂隙水含水层

该含水层是指二₁煤层之上山西组内所含砂岩裂隙水,以大占砂岩、香炭砂岩及锅窑砂岩为主。厚度为 8.72 ~ 59.16 m,平均22.30 m。一般在浅部和深部变薄,中部发育较厚。岩石完整致密,裂隙不发育,其富水性较弱。本区在勘查阶段,有少数钻孔可见冲洗液漏失现象。据抽水试验资料,钻孔单位涌水量为 0.002 1 ~0.062 3 L/(s·m),渗透系数为 0.005 31 ~ 0.079 3 m/d,其水化学类型为 HCO_3 – CaMg 型水,矿化度为 0.543 g/L,水位标高为510 ~ 700 m,属于孔隙裂隙承压水,导水性较弱,透水性差,且极不均一。在矿井中该含水层多以淋水形式向矿坑充水,属于二₁煤层顶板的直接充水含水层。

4. 第四系、新近系砂砾石孔隙含水层

该含水层以角度不整合覆盖于各级基岩地层之上,第四系主要由冲、洪积砂砾石层组成,厚度 0 ~ 80.00 m,平均 13.00 m;新近系以泥灰岩、砾岩为主,厚度 0 ~ 38.00 m,平均 5.00 m。含水层厚度变化主要受地形地貌及现在流水堆积作用控制,总的规律为沿河两岸及沟谷谷底较山区发育。该含水层呈松散或半胶结状,含孔隙潜水,导水、赋水性好。泉水流量为 0.003 ~ 0.993 L/s,富水性弱 – 中等,其水化学类型为 HCO_3 – Ca 型。

(二)隔水层(组)

第一隔水层,本溪组铝土质泥岩、铝土岩,位于一₁煤底板与奥陶系碳酸盐岩含水层之间,厚度为 1 ~ 20 m,一般为 5 m。岩性致密,不透水,厚度稳定,其隔水条件良好。但由于受断裂构造影响,可能会使含水层之间发生水力联系。

第二隔水层,为二₁煤与一₄煤顶板碳酸盐岩之间砂质泥岩、泥岩等。岩石的节理裂隙多为闭合型或具充填物,透水性极差。厚度 10 ~ 55 m,一般为 25 m,较稳定,隔水性能好。太原组碳酸盐岩为二₁煤直接充水含水层,当遇断层切穿而沟通时,则含水层中的水就进入矿井。

第三隔水层,由下石盒子组中下部紫色泥岩、砂质泥岩等组成。厚61～100.5 m,一般厚度为72 m,岩石颗粒致密,透水性极差,阻隔了上下石盒子组与山西组含水层之间的水力联系。

二、地下水的补给、径流与排泄

(一)地下水的补给

矿区内地下水的补给来源主要为大气降水。根据区域构造及地层分布特点,矿区的南、北部地区出露地层较老,中部地区出露地层较新。因此,深部的奥陶系、石炭系碳酸盐岩含水层及二₁煤顶板砂岩含水层的补给区分布在矿区的南部及北部;二叠系上部的砂岩类岩石浅层水含水层的补给区分布在中部地区。

地下水补给的次要来源为地表水体的下渗。矿区内的甘壕河,流量随季节性变化大,补给地下水明显。据1984年8月1日和1986年1月18日对南洼支流实测,甘壕河河水在流经奥陶系和石炭系碳酸盐岩裸露区时,河水流量损失达84%～92%,其中的绝大部分补给地下水。

(二)地下水的径流与排泄

据区内的地质构造条件分析,地下水的径流方向为由向斜构造的南、北翼向中部运移,沿断裂形成强径流带,中部二₁煤层顶底板含水层形成高压承压水区。其排泄,在天然条件下为在沟谷切割的低凹地带以泉水的形式排泄,沿沟谷地带有较多的泉水出露;现状条件下,以矿坑排水和供水开采排泄为主,石壕煤矿的多年平均排水量为257.5 m³/h。

二叠系上部的砂岩含水层,地下水径流途径短,为就近补给,短距离内排泄,沿谷底或山坡形成排泄点,部分泉点为季节性泉点,枯水期干涸。

第五节　矿区的工程地质条件

本矿二₁煤层常呈粉末状、强度较低,煤层倾角一般在 12°左右,属于缓倾斜煤层,沿走向和倾向方向煤层倾角的变化不显著,但煤层厚度变化大,属于不稳定煤层,煤层松软易冒落,对开采影响较大。

一、二₁煤层顶板岩性及物理性质

二₁煤层顶板多为砂岩,即大占砂岩,岩性为灰白色中厚层状粗 – 中粒长石石英砂岩,由石英、长石及少量的岩屑组成,含黄铁矿结核,有时见有煤屑,层面富含白云母片,分选中等,磨圆度次棱角状 – 次圆状,钙质或硅质胶结,具大型的交错层理和波状层理,厚度 3.7 ~ 30.16 m,平均厚度 14.52 m,属一级顶板,局部具炭质泥岩(或泥岩)伪顶和伪底,均呈透镜体状,厚度一般为 0.2 ~ 8.4 m;正常情况下采用坑木支护,一般能保证矿井正常生产,偶见冒顶、片帮、掉块及底板底鼓等不良工程地质现象。一般情况下,顶板产状变化比底板小;其次是伪顶板,发育极不规则,厚度 0 ~ 8.85 m 不等,或者厚度直接顶板完全缺失,煤层与老顶直接接触,稀疏支护即可。根据岩石物理力学性质试验资料,二₁煤层顶板大占砂岩干燥状态下单向抗压强度为 71.0 ~ 154.9 MPa,详见表 2-1。

二、二₁煤层底板岩性及物理性质

二₁煤层底板以黑色砂质泥岩为主,泥岩和砂岩则呈零星分布,厚度 10.70 m,泥岩、砂质泥岩中滑面较多。富含黄铁矿结核及少量植物化石碎片,偶夹灰、灰黑色细砂岩,有时夹一层薄层(二₀煤)或煤线。该层为一隔水层,其岩性较软,强度较低。二₁煤底板泥岩抗压、抗拉强度均不高,尤其抗拉强度甚低。干燥状态下的抗压强度为 25.4 ~ 58.7 MPa(见表 2-2)。由开采资料可知:底板泥岩在开采过程易形成底鼓现象,使巷道变形,给巷道维护带来一定的困难。

表 2-1   二₁煤层顶板岩样力学试验成果

孔号	层位	岩性	抗压强度(MPa)		抗剪强度(MPa)			抗拉强度(MPa)
			干燥状态	饱和状态	纯剪	45°		
						正应力	剪应力	
1208	二₁煤层顶板	中粒砂岩	154.9	114.3	12.2	91.5	91.5	
2404	二₁煤层顶板	粉、细粒砂岩	43.5		8.3	29.3	29.3	
1608	二₁煤层顶板	细粒砂岩	154.4	80.7	14.4	67.5	67.5	
甘405	二₁煤层顶板	中粒砂岩	91.5			8.4	8.4	3.95
甘1103	二₁煤层顶板	中粒砂岩	71.0			17.3	17.3	5.1
甘902	二₁煤层顶板	中粒砂岩	117.5			12.2	12.2	5.22
甘603	二₁煤层顶板	中粒砂岩	72.5			50.6	50.6	2.58

表 2-2   二₁煤层底板岩样力学试验成果

孔号	层位	岩性	抗压强度(MPa)		抗剪强度(MPa)			抗拉强度(MPa)
			干燥状态	饱和状态	纯剪	45°		
						正应力	剪应力	
1208	二₁煤层底板	砂质泥岩			7.3	29.6	29.6	2.23
1407	二₁煤层底板	砂质泥岩			7.3	18.1	18.1	1.82
甘603	二₁煤层底板	泥岩	25.4			20.1	20.1	1.90
甘405	二₁煤层底板	砂质泥岩	58.7			17.9	17.9	3.39

三、不同深度的岩石物理力学性质

本矿采取不同层位和不同深度的岩样进行力学试验,深度为 −108 ～ −470 m,取样层位见表 2-3。由于所采的岩样具有一定限制,只做了单轴抗压试验和变形试验,各项试验按国内岩石力学试验规程进行,本次试验所测得物理力学指标均是在饱和状态下的指标,其试验结果如表 2-4 所示。

表 2-3 取样层位

编号	Sh1	Sh2	Sh3	Sh4	Sh5	Sh6	Sh8
岩性	泥质细砂岩	中砂岩	煤层泥岩	砂岩	灰岩	粗砂岩	细砂岩
取样深度（m）	381	410	440	470	490	108	154
层位	下石盒子组	山西组	山西组	太原组	马家沟组	上石盒子组	下石盒子组

表 2-4 各层岩样的物理力学指标

岩性	层位	容重（kN/m³）	抗压强度（MPa）	弹性模量（10^4MPa）	变形模量（10^4MPa）
中砂岩	上石盒子组	25.11	63.60	13.02	4.47
粉砂岩	下石盒子组	25.98	63.15		
粉砂岩	下石盒子组	26.00	76.42		
细砂	山西组	25.31	51.7	11.1	4.31
煤层泥岩	山西组	25.90	35.24		
中、细砂岩	太原组	24.94	56.29		
灰岩	马家沟组	26.16	107.54		

由表 2-3、表 2-4 可以看出,不同深度的同种岩石的力学指标之间存在着差异,对于煤层采区的上下围岩来说,其抗压强度低于其他岩层,造成这种情况的原因可能是隐微裂隙和裂隙的发育程度不同,它们是控制岩石破坏机制和力学性质的主要因素。由于岩心采取率的限制,所采岩样大多为砂岩,而泥岩岩样没有进行试验,其力学指标没有反映出来,其抗压强度较低,在高水头的作用下,其阻水能力相对较差。

岩石遇水后会发生软化,具体到某一种岩石,因岩性和结构的不同,遇水后的变化情况各有差异,但共同之处是,岩石遇水后,尤其是在高压水作用下,水能渗入岩体的内部,导致矿物颗粒之间和裂隙张开的程度加大,力学特性明显下降,一般下降 20% 左右是正常的,而裂隙发育的岩石特性可下降 50% ~ 60% 。这在研究岩体的阻水性能时应当注意。

第三章　矿井充水条件分析

第一节　煤矿的开采情况

石壕煤矿主要开采的煤层是二，煤层，以立井多水平分布式开采，主要开采范围在煤矿的西部断层附近，开采标高为 +120 m 以上，全矿有三个开采区，一区上山，二区单翼上山，三区下山。一采区位于 F_{44} 断层东部孙家坪一带，有 11 个工作面已开采，开采标高为 270~400 m，开采时间在 1985~1991 年；二采区位于主井的西南部，主要是在 F_{44} 和 F_{44-1} 断层以东，已开采有 10 个工作面，开采标高为 140~320 m，开采时间为 1996~2004 年；三采区位于矿区的西北部，主要在断层 F_{45} 的附近，有 15 个工作面已成为采空区，开采标高为 200~460 m，开采时间在 1987~2000 年。从 1984 年投产起截至 2004 年底，累计采出原煤 524 t，采区动用资源储量 694 万 t，矿井回采率 65.3%。采空区面积约 1.15 km^2，具体情况见图 3-1。

第二节　煤矿的突水概况

据矿井历年来突水及实测涌水量的资料，该矿自建井以来，共发生突水 18 次。其中，顶板突水 3 次，约占总突水次数的 17%，突水量为 7.8~20.0 m^3/h，突水标高集中在 +350 m 以浅。底板突水 15 次，占总突水次数的 83%，其中有 14 次为煤层底板石炭系太原组灰岩突水，突水量为 5.4~97.0 m^3/h；奥陶系灰岩突水 1

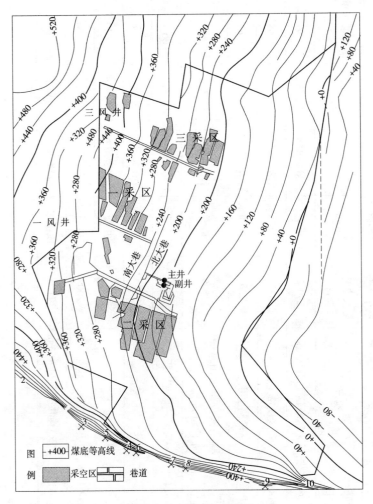

图 3-1 采掘工程平面图

次,突水量为 125.0 m³/h,突水标高为 + 200 m。突水的具体情况
见表 3-1。

从时间分布情况看,突水主要发生在每年的 6～9 月份,突水

表 3-1 突水综合情况一览表

编号	时间 (年-月-日)	地点	突水点标高 (m)	类型	水源	含水层	最大涌水量 (m³/h)
1	1978-08	三采区轨道上山	290.7	底板涌水	岩溶裂隙水	C_3 灰	97
2	1979-08-05	一采区皮带上山	322	底板涌水	岩溶裂隙水	C_3 灰	65
3	1981	一区轨道上山	280	底板涌水	岩溶裂隙水	C_3 灰	81
4	1981-06-14	一采区皮带上山基20 点向下 50 m	235.5	底板涌水	岩溶裂隙水	C_3 灰	66.7
5	1981-06-14	一采区一号变电所	235	底板涌水	岩溶裂隙水	C_3 灰	66.67
6	1981	副井	198.5	涌水	岩溶裂隙水	C_3 灰	17
7	1983	主井	158	井壁	砂岩裂隙水	P_1 sh 砂岩	7.8(稳定)
8	1985-09-09	南大巷	200	底板涌水	岩溶裂隙水	C_3 灰	5.4
9	1987-01-31	二区总回风回风巷回风30.6 m	371.2	顶板水	砂岩裂隙水	P_1 sh 砂岩	20

编号	时间（年-月-日）	地点	突水点标高（m）	类型	水源	含水层	最大涌水量（m³/h）
10	1987-04-07	南大巷回绕前 14 m	200	断层导水	岩溶裂隙水	C_3 灰	24.3
11	1987-07-04	二区集中运输巷 2 点向前 12 m	200	断层导水	岩溶裂隙水	C_3 灰	34.2
12	1987-06-30	13051 工作面写上 2.4 m 切眼向下 11 m	400	顶板涌水	砂岩裂隙水	P_1 sh 砂岩	10
13	1988-09-11	南大巷二轨道 2 点 94 m	200	底板涌水	岩溶裂隙水	C_3 灰	15
14	1988-12-12	二采运输巷 7.75 m	200	底板涌水	岩溶裂隙水	C_3 灰	48.17
15	1990	二采区带皮下山	335	底板涌水	岩溶裂隙水	C_3 灰	30
16	2002-07	南大巷	200	底板涌水	岩溶裂隙水	C_3 灰	15
17	2003-08	12051 工作面下付巷下 5 点	260	断层导水	岩溶裂隙水	C_3 灰	20
18	2004-01-30	12051 工作面下付巷下 10 点	250	断层导水	岩溶裂隙水	O_3 灰	125

量一般大于 50 m³/h。上半年很少发生突水,且突水量较小,一般小于 50 m³/h。

从空间分布来看(见图 3-2),该矿区突水点大多集中在一采区和二采区的巷道和运输通道内,主要分布在断层上盘一侧、断层交会处、断层转折端、断层尖灭处和向斜轴部附近。

从突水点单点突水量来看,最小仅 5.4 m³/h,最大 125 m³/h,其水量总的变化特征是初期含水层水位较高,弹性释放水量强度较大,后期由于疏排,含水层水压有所降低,弹性释放量衰减,突水点的水量、水压都有所降低,相邻水点的袭夺而出现减小甚至枯竭。其次是在相邻突水点间,早期(或浅部)突水点的水量要比后期(或深部)突水点的水量大,说明与底板太原组灰岩岩溶裂隙浅部较深部发育。

综上所述,矿坑水多以小断层沟通底板石炭系灰岩岩溶裂隙水突水为主,说明区内断层及其破碎带赋存一定的水量,矿坑充水与断层联系密切,但充水量以静储量为主,动储量较小,比较易疏排。矿区内矿坑主要的充水含水层为回采煤层的直接顶、底板水层。在浅部接受大气降水补给,并沿地层走向及倾向向北东部及深部径流排泄。矿井生产过程中,生产排水是其主要排泄方式之一。由于本区无大的地表水体,且含水层间有隔水层相阻隔,故含水层间无水力联系,矿井生产中,矿坑充水主要以大气降水和灰岩岩溶裂隙水为主,正常涌水量 313.61 m³/h 左右,最大涌水量 384 m³/h。

矿区煤层的顶板是大占砂岩,顶板突水属于直接揭露含水层突水。在煤层开采过程中发生过三次顶板突水,突水原因是采动沟通顶板砂岩水,一次在二区总回风巷回风 30.6 m,一次在 13051 工作面与上山 2.4 m 切眼向下 11 m 处。

煤层底板是黑色泥岩和砂质泥岩,具透镜状层理、波状层理和水平纹理,滑动镜面较发育,遇水易膨胀,受击打呈楔形碎裂。在

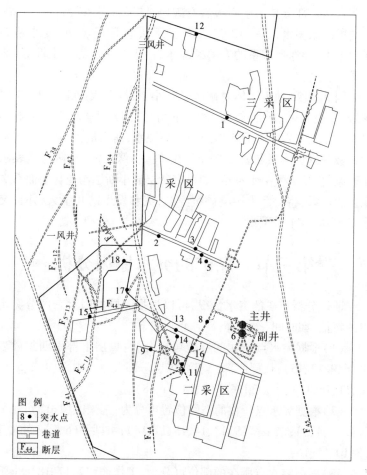

图 3-2　突水点分布示意图

此区曾发生过多次底板突水事件,大多突水水源来自于石炭系灰岩岩溶裂隙水,部分是由于断层导通含水层,区内有 18 条大的断层,落差较大,使二$_1$煤层直接与太原组灰岩接触,使其突水的可能性加大,区内还有 96 条小的断层,可以沟通断层之间的联系,导通灰岩水。部分是由于底板岩石破碎,导通石炭系灰岩水。区内一次奥陶系突水,是在 12051 工作面下伏巷下 10 点处,受小断裂影响突水,导通奥陶系的岩溶裂隙水,由于奥灰水的富水性好,涌水量大,危害严重。

因此,此区地表水体对矿区影响小,石炭系太原组有 2～3 层灰岩,一般 2～7 m,比较薄,含水量相对较小,对矿坑突水影响不严重。顶板突水主要是山西组砂岩裂隙水,涌水量较小,对矿坑不构成威胁。奥陶系灰岩,巨厚层,在矿区边缘出露,直接与地表水相联系,接受大气降水补给,如果有断层或小断层沟通与上面石炭系灰岩联系,将会严重影响矿坑安全,突水发生的几率大,并且突水量大,应该予以重视。

第三节　煤矿的突水原因分析

通过分析煤矿的突水情况,可以根据不同的因素来区分突水点的特征,如时间、空间等,简单介绍如下:

(1)根据突水点所在的层位可以分为:煤层上部山西组砂岩中(6、9、12、15);煤层底部(3、7);煤层下部太原组中部(1、2、5、8、10、11、16、17);太原组底部(4、13、14、18)。

(2)根据突水点所在的空间位置可分为:三采区(1、12);一采区(2、3、4、5);二采区(9、11、14、15、17、18);主副井(6、7);南大巷(8、10、13、16)。

(3)根据突水点所在的部位可分为:工作面(12、17、18);上下山(1、2、3、4、5、12、15);运输巷(8、9、10、11、13、14、16)。

(4)根据将降季节可分为:丰水期(1、2、3、6、7、8、10、11、12、13、14、15、16、17);枯水期(4、5、9、14、18)。

(5)根据时间可分为:20 世纪 80 年代 14 次;90 年代 1 次;2000 年以后 3 次。

(6)根据与构造关系可分为:与断层有关的(2、6、7、9、10、11、12、13、14、15、17、18);与断层无关的(1、3、4、5、8、16)。

总结煤矿的特征分析其突水的原因,煤矿上部砂岩突水,主要是煤层采动导致其岩层力学性质的变化,砂岩水涌入巷道,导致突水,此种突水由于突水水源富水性较差,并且赋存在裂隙中,但连通性差,所以一般水量较小,容易疏干,对煤矿构不成严重的威胁。煤矿的下部突水,可分为石炭系灰岩水和奥陶系灰岩水,石炭系有几层薄层灰岩,当采煤巷道或工作面离灰岩较近时,由于采动导致隔水岩层破坏,产生裂隙,进而在水压的作用下,底板水突破隔水层,产生底板突水;或者是开采过程中直接揭露含水层而发生突水;在煤矿西南部,断层比较发育,巷道揭露的小断层也可能成为充水通道,沟通巷道和灰岩水的联系而引发突水;而奥陶系灰岩水突水,多是由于大断层的存在,缩短了煤层和含水层之间的距离,在采动破坏和小断层影响下,很容易发生煤矿突水,这种突水的水源是奥陶系灰岩水,如果在奥陶系岩溶裂隙发育和连通性都比较好的情况下,其充水水源比较丰富,涌水量大,一旦发生突水危害比较严重,并且疏干困难,所以开采过程中应该注意预防这种水害的发生。

根据煤矿的突水点的空间位置可以看出,煤矿突水点多分布在二采区巷道内,这与二采区所处的位置有关,二采区处在矿区的西部,位于淹池向斜轴部,是底部灰岩水的强汇水径流区,形成高承压区,并且此区有几条大的断层发育,使地层发生明显的错动,煤层和含水层之间距离缩短,在采动影响下,小断层活化成为充水通道,所以很容易发生煤矿突水。

根据发生突水的时间看,煤矿突水多发生在丰水期,这可能多少与大气降水有关,在降水丰富的季节地下水位会上升,影响煤矿的开采,而煤矿的突水与煤矿的开采过程也有很大的关系,根据突水时间可以看出煤矿突水多发生在建设期和生产初期以及近两年,建设期和刚投产后突水次数较多,到开采稳定后突水较少,近两年煤矿突水又逐渐增加。分析原因可能是开采初期水文地质条件不清,就开始开采,造成突水次数增加,开采一定时间后,基本稳定,突水相对较少。当浅部易采的煤层采完后,必须向深部水文地质条件复杂的地区开采,这时突水次数增加,并且受深部奥陶系灰岩水的影响,突水量大,危害严重。

总之,煤矿的突水是由多种原因造成的,只是每次突水时,都会有一种或数种因素在起作用,断层的存在是煤矿突水中不可忽视的原因之一,奥陶系灰岩岩溶裂隙水是煤矿突水中产生最有影响的含水层,其富水性好,一旦突水,破坏严重,应该加强重视。

第四节　煤矿的充水条件分析

煤矿的充水条件可分为充水水源和充水途径,水源是与矿坑有联系的水体,途径是水源与煤矿联系的方式,两者统一和有机结合才能构成煤矿充水,因此分析煤矿的充水水源和查明煤矿的充水途径,对研究煤矿充水有重要的意义。

一、煤矿的充水水源

煤矿的充水水源一般有地下水、大气降水、地表水、老窑水和废弃井巷积水。而此区的煤矿充水水源主要是地下水,根据其所赋存介质可分为砂岩裂隙水和岩溶裂隙水。根据含水层所在的层位与煤层的关系可分为直接充水水源和间接充水水源。

(一)直接充水水源

煤层顶部的砂岩裂隙水,煤层顶部有两三层砂岩,即大占砂岩、香炭砂岩和大锅砂岩,平均厚度 22 m,在矿区广泛分布,由于煤矿开采,该层的砂岩裂隙水成为煤层顶板的直接充水水源,由于其富水性较差,一般以淋水的形式向矿坑充水,对煤矿的开采影响较小,该矿发生过两次顶板突水,突水量都小于 20 m^3/h,易排出,对生产没有造成影响。

(二)间接充水水源

1.石炭系灰岩岩溶裂隙水

石炭系有 1 ~ 2 层灰岩,厚度 4.65 ~ 11.63 m,与煤层之间有砂泥岩相隔,由于部分巷道布置在煤层下面,导致巷道与石炭系灰岩之间的距离缩短,隔水层变薄,灰岩水容易突破隔水层而发生底板突水,由于灰岩较薄,在地表出露面积较少,此层灰岩岩溶裂隙发育不均,西部发育,东部不发育,此层灰岩水在西部富水性好,东部差,地下水沿地层的走向和倾向向东部及深部径流,在中部形成高水压区的特征,所以煤矿开采易受到该含水层的影响,以前的突水也证明了煤矿的大部分突水水源均来自于该层。此含水层的静储量较小,并且补给来源较差,一经突水,开始较大,经过排泄后,水量又慢慢减小,容易控制,对煤矿的开采影响不是很大。由于含水层富水性的差异,该区西部中间断层发育且向斜的轴部地区,突水几率较大,其他地区较小。

2.奥陶系灰岩岩溶裂隙水

奥陶系灰岩在此区广泛分布,在矿区的南、北、西部周临山区出露,岩层厚度 30 m,在地表岩溶发育明显,富水性好,由于与煤层之间有 50 余米的其他岩层相隔,一般不会对煤层产生危害,但是该区断层比较发育,大的断层就有 18 条,其落差有的达几十米,甚至上百米,在断层的作用下,容易使煤层与下部奥陶系灰岩地层相连接,这为煤矿的突水提供了条件,一般作为煤矿的间接突水水源来考虑,一旦沟通与矿坑的联系,其突水量会很大,并且持续时间长,不易疏干,对煤矿影响严重,危害煤矿正常的生产,所以应该多加重视。

3.大气降水

大气降水是地下水的主要补给水源,矿坑充水特征一般都或多或少地受到大气降水的影响(见图 3-3),在雨季地下水位会抬升,矿坑涌水量变大。大气降水对地下水的补给除与其本身的特点有关外,还受地表入渗条件的制约,因为煤矿的开采深度在地面以下200~600 m,所以大气降水不会直接影响矿坑涌水量的变化,一般从降水开始到矿坑涌水量的增加有一个滞后过程。因此,此矿区一般不用考虑大气降水的影响,除非井口发生倒灌现象,大气降水一般不会对矿坑产生直接的威胁。

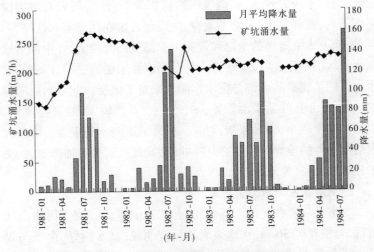

图 3-3　矿坑涌水量随降水量的变化曲线

4. 地表水

该区的地表水主要是甘壕河,发源于矿区东南部的山区,补给来源是大气降水和泉,平时流量很小,平均流量为 110 m^3/h,雨季洪水量很大,一般在没有大的通道联系下不会对煤矿开采产生影响。此外,还有甘壕后沟、鸡冠沟、浪底沟等季节性溪流,平时由少量的泉水补给,形成细流,雨季水量变大,并汇集成暂时性的山洪,这些溪流发育在矿井的南部,横穿浅部的煤系地层,在局部地段下渗并向矿坑充水,所以在开采南部煤层时应该注意防止地表水的回灌充水。

5. 老窑水

老窑水往往有大量的积水,对其下部和相邻采区有很大的威胁,有的位置难以预测,一旦揭露就会发生突水,并且其处于一个封闭的状态,水质较差,发生突水后危害严重。

此区开采的时间较短,矿区内不存在老窑水,只在矿区南部煤层露头的地方存在一些小煤窑,由于离开采区较远,不会对煤矿构成威胁,不用考虑对矿坑的影响,只有开采南部煤层时注意即可。

二、煤矿的充水途径

煤矿发生充水必备的两个条件,一是充水水源,二是充水途径。只有这两个条件都具备了才有可能发生突水,因此煤矿的充水途径也是我们研究煤矿突水的一个重要因素。通过分析煤矿的突水情况可以看出,此区的充水途径主要有:断裂构造、底板突破和顶板破坏。

(一)断裂构造

矿区主体构造为向斜构造,断裂构造主要以斜交走向断层为主,次为斜交倾向断层,多属于高角度正断层,呈阶梯状发育,使上盘煤层与下盘太原组或奥陶系灰岩含水层斜交或对接,是造成矿井底板突水的主要因素。以往勘查钻孔揭穿断层时,均未出现明显涌漏水现象,矿井生产中,井巷曾多次穿越断层,多是一些小断层引起突水,涌水量在 $20 \sim 125 \ m^3/h$,其来势较猛,破坏性大,但大部分容易被疏干,不会对生产造成多大影响,说明区内断层及其破碎带既是地下水的赋存空间,也是地下水的运移通道。赋存有一定的水量,并以静储量为主,易于疏排。

由于断裂构造破坏了地层的连续性,使煤层上下各含水层间产生了水力联系,同时也是地下水的赋集空间和矿床充水的主要通道。因此,在大断层附近采煤时,一定要注意小断层沟通其他含水层之间的水力联系,预防小断层可能作为导水通道的突水事故的发生。

(二)底板突破

底板突破就是当充水岩层为煤层的间接底板时,其中的地下水都具有承压性,作用在巷道隔水底板上的水压随着埋深的增加而升高,当水压超过巷道隔水底板的强度时,则可破坏底板,使水涌入巷道。在此矿区中底板突水非常突出,由于煤层底板有 1 ~ 2 层灰岩,属于石炭系岩溶裂隙水,该含水层富水性不均,其一个特点就是高承压,水头压力大,并且含水层与巷道之间有砂岩和泥岩相隔,但是其厚度不稳定,抵抗水压的差异很大,随着开采深度的加大,水压越来越大,底板很容易发生突水,但是该含水层静储量较小,发生突水时,容易疏干,不会对煤矿造成严重的影响。因此,在开采深部煤层时,应该先根据简单的突水系数法计算是否会发生突水,然后再开采,这样可以减少底板突水。

(三)顶板破坏

顶板破坏也是一种人为的充水途径,由于开采矿体在地下形成采空区,采空区上方顶板岩层失去支撑和平衡后,会产生变形,以致破坏,这就会给上部含水层或地表水体提供充水途径。此区开采的煤层埋深较大,顶板砂岩水大多以淋水的形式向矿坑涌水,地表水层与煤层之间距离较远,一般不会通过顶板破坏发生煤矿突水。但是在开采矿区南部浅层煤时,应该注意该种方式的突水。

三、煤矿充水的主要特点

通过分析煤矿突水点的突水位置、水源、突水量之间的关系可得,该煤矿的突水呈现出以下特征。

(一)煤矿突水量与突水点标高之间的关系

通过分析突水资料可知,突水量大小与突水标高存在一定的关系(见图3-4),突水量大的多发生在标高 +200 ~ +300 m,也就是随着开采深度的增加,突水量先增大后减小,这与岩溶裂隙的发育有关,岩溶裂隙发育越好,富水性就越好,涌水量就会越大。

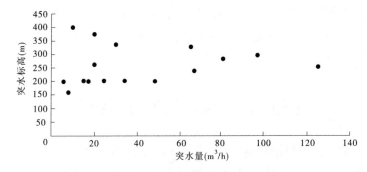

图3-4 突水量与突水标高关系

(二)煤层顶部砂岩突水

煤层顶部砂岩突水一般发生在标高 +350 m 以上,煤层埋藏较浅的地区,主要是砂岩裂隙水,裂隙发育受区域构造的控制,巷道揭露充水含水层时,只是一定方向的局部线和点上的集中出水,大多的突水都是与断层联系发生的突水。因此,顶板突水具有涌水量小、涌水时间短、易疏排等突水特点。

(三)石炭系灰岩突水

煤层底板的石炭系灰岩水,储存在岩溶和裂隙发育的通道内,其分布不均,在西部由于断裂构造的控制发育较好,东部较差,含水层与煤层之间隔水层厚度不均,局部很薄,在高承压水的作用下,很容易突破底板,而发生突水,有些地区受小断层的影响沟通灰岩水与开采巷道的联系。该含水层的突水多发生在向斜轴部和断层集中发育的地区。因此,该含水层的突水,开始发生时,涌水量大,随后逐渐减小,不和下部含水层联系时,很容易疏干。

(四)奥陶系灰岩突水

奥陶系灰岩含水层,岩溶裂隙发育,含水层厚度大,出露及补给条件较好,在矿区内埋藏深,水压高,该含水层与二₁煤距离85m,距太原组灰岩40多m,一般不会对煤矿开采构成影响,但是该区的大断层较多,落差大,缩短了含水层与煤层之间的联系,甚至使它们相接,在采动或小断裂的影响下,很容易使煤矿发生突水。该层突水具有突水量大、水压高、破坏性强、危害严重等特点。

第五节　煤矿的突水类型

突水类型根据影响突水的因素而分成不同类型的突水,一般根据含水层位与煤层的相对位置分成顶板突水和底板突水。人们对底板突水类型划分依据突水的地点、时间、水源、通道及水量等因素来考虑。

(1)根据突水与断层的关系划分为:

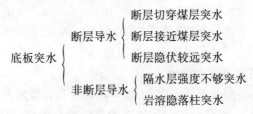

(2)根据突水水源可划分为:

$$矿井突水\begin{cases}地表水体突水\\冲积层水突水\\薄层灰岩水突水\\厚层灰岩水突水\\砂岩含水层突水\end{cases}$$

(3)根据长壁工作面底板突水可划分为:

采场底板突水 {
　非采动影响型底板突水 {
　　导水断层突水
　　导水陷落柱突水
　　裂隙渗透型突水
　}
　采动影响型底板突水 {
　　无断层影响下的底板突水
　　有断层影响下的底板突水
　　其他构造影响下的底板突水
　}
}

（4）考虑突水机理与采掘工作面及矿山压力的关系可划分为：

煤矿突水 {
　构造揭露型突水
　断层采动型突水
　底板破坏型突水 {
　　裂隙通道型突水
　　岩溶通道型突水
　}
}

（5）根据矿山压力在采场及巷道的分布特点可划分为：

煤矿突水 {
　掘进沟通型 {
　　掘进通道型突水
　　掘进沟通陷落柱型突水
　}
　回采影响断层型突水
　回采底板破坏型突水 {
　　裂隙通道型突水
　　陷落柱通道型突水
　}
}

根据影响因素在突水中的作用、突水量的大小及危害程度，对该矿进行突水资料的分析，以前人的突水类型划分为依据，将该矿区的突水大致分为以下三种基本类型：

（1）直接揭露型突水。在开采过程中，巷道直接揭露含水层而引起的突水，此时承压水直接与采掘工作面之间没有隔水层的存在，起不到削减水头的作用，一旦揭露此含水层，将会发生突水，此区煤层的顶板就是大占砂岩裂隙水，根据突水资料分析可知，该矿的部分突水就是直接揭露型突水，由于含水层的富水性相对较差，涌水量小，破坏较小。

（2）构造导通型突水。该区的突水大部分还与断裂构造有关，即由于采场的矿山压力影响，导致断层活化，造成煤层直接与含水层对接,或由于构造破碎带造成各含水层之间的水力联系而引起的突水,这种突水主要是由于构造作用而发生的突水,根据此区的突水资料可以看出,该矿的突水多数受到断层的影响,由小断层沟通含水层之间的水力联系,从而引发突水,这种突水一般突水时间短,涌水量大,破坏严重。本矿最大的一次突水就是由于断层沟通了奥陶系灰岩岩溶裂隙水和石炭系的岩溶裂隙水的联系,而这次突水主要是由于奥陶系灰岩岩溶发育好,富水性好,水量大,一旦突水,破坏相当严重。

(3)底板破坏型突水。底板破坏型突水是指矿井在采掘过程中,在无断层的条件下,一般岩层的厚度较小,节理裂隙较发育,当回采工作面推进到一定距离时,由于采场矿山压力和水压都较大,突破了隔水层而发生的突水。这种突水类型在此矿中也经常出现,由于煤层底板隔水层厚度分布不均,部分地区在采掘过程中,由于矿山压力受到破坏,导致底板灰岩水突破底板涌出,据突水资料分析可知,最初的几次突水都是这种突水,这种突水一般水量很大,破坏也比较严重。

这几种突水,是本矿的基本突水类型,由于对本矿影响较大的主要是断层突水和底板破坏型突水,所以在进行突水机理分析时只考虑这两种类型的突水。

第六节　煤矿的突水水源判别

根据资料分析本矿的主要突水水源可能是:二叠系山西组的大占砂岩裂隙水、石炭系太原组灰岩岩溶裂隙水和奥陶系灰岩岩溶裂隙水。煤层顶板突水可能来自于二叠系大占砂岩水,而底板突水可能来自于奥陶系灰岩水和石炭系灰岩水,为了了解底板的突水水源到底来自于哪里,这就需要对底板突水水源进行判别。本研究利用神经网络方法判别突水水源。

人工神经网是由具有适应性的简单单元组成的广泛并行互联的网络,它的组织能够模拟生物神经系统对真实世界物体所作出的交互反应。它有大规模的并行处理和分布式的信息存储能力。良好的自适应性、自组织性和很强的学习、联想、容错及抗干扰能力,在判别这类具有模糊性的问题上有明显的优势。

在实际应用中,绝大部分的人工神经网络模型是采用误差反传算法或其变化形式的网络模型(简称 BP 网络),目前主要应用于函数逼近、模式识别、分类和数据压缩或数据挖掘。

BP 算法的基本思想是,学习过程由信号的正向传播与误差的反向传播两个过程组成。正向传播时,输入样本从输入层传入,经各隐层逐层处理后,传向输出层。若输出层的实际输出与期望的输出不符,则转入误差反向传播阶段。误差反向传播是将输出误差以某种形式通过向输入层逐层反传,并将误差分摊给各层的所有单元,从而获得各层单元的误差信号,此误差信号即作为修正各单元权值的依据。这种信号正向传播与误差反向传播的各层权值调整过程,是周而复始地进行的。权值不断调整的过程,也就是网络的学习过程。此过程一直进行到网络输出的误差减小到可接受的程度,或进行到预先设定的学习次数为止。

一、BP 网络结构模型

BP 算法一般由输入层、隐层和输出层组成。输入层神经元的个数为输入信号的维数,隐层个数以及隐节点的个数视具体情况而定,在设计 BP 网络时可参考这一点,应优先考虑 3 层 BP 网络(即有 1 个隐层)。隐层节点数确定的最基本原则是:在满足精度要求的前提下取尽可能紧凑的结构,即取尽可能少的隐层节点数。输出层神经元个数为输出信号的维数,具体情况见图 3-5。

输入向量为 $X = (x_1, x_2, x_3)^T$,而隐层输出向量为 Y,输出层的输出向量是 O,期望输出向量为 d,输入层到隐层之间的权值用 V

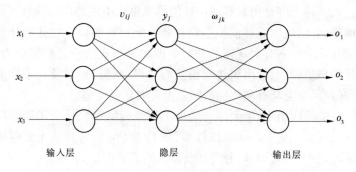

图 3-5　BP 神经网络结构

表示,隐层到输出层的向量用 ω 表示权重。下面分析各层信号之间的数学关系。

对于输出层,有

$$o_k = f(net_k) \qquad k = 1, 2, \cdots, l \tag{3-1}$$

$$net_k = \sum_{j=0}^{m} \omega_{jk} y_j \qquad k = 1, 2, \cdots, l \tag{3-2}$$

对于隐层,有

$$y_i = f(net_j) \qquad j = 1, 2, \cdots, m \tag{3-3}$$

$$net_j = \sum_{i=0}^{n} v_{ij} x_i \qquad j = 1, 2, \cdots, m \tag{3-4}$$

每层神经元之间的变换函数 $f(x)$ 是可微的 Sigmoid 函数

$$f(x) = \frac{1}{1 + e^{-x}} \tag{3-5}$$

式中　x——神经元的输入信号;

　　　y——该神经元的输出信号。

根据应用需要,也可以采用不同的传递函数。

二、MATLAB 环境下 BP 网络的实现

在 MATLAB 中设定一个 BP 神经网络模型,传递函数取可微的单调递增函数,一般隐层神经元通常采用 Sigmoid 型传递函数,最后一层采用线性函数 purelin,网络输出可取任意值。

首先采用 newff 函数产生一个 BP 神经网络

$$net = newff(\boldsymbol{PR}, [S1 \quad S2 \quad \cdots \quad SN], \{TF1 \quad TF2 \quad \cdots \quad TFN\}, \\ BTF, BLF, PF) \tag{3-6}$$

式中 $\boldsymbol{PR}$——输入矩阵,表示 R 维输入矢量中每维输入的最小值和最大值之间的范围;

$S1, S2, \cdots, SN$——各层神经元的数目;

$TF1, TF2, \cdots, TFN$——各层神经元采用的传递函数;

BTF——神经网络采用的训练函数;

BLF——权值和阈值的学习函数,默认值为 learndm;

PF——网络性能函数,可以是 mse, msereg 等可微性能函数,默认值是 mse,BP 神经网络根据用户的不同要求,使用 init 函数重新对网络进行初始化。

然后对网络进行训练和仿真,BP 神经网络一般采用 train 函数来训练网络。

$$[net, tr] = train(net, \boldsymbol{P}, \boldsymbol{T}) \tag{3-7}$$

式中 $\boldsymbol{P}$——输入样本矢量集;

$\boldsymbol{T}$——对应的目标样本矢量集;

net——训练的网络的对象;

tr——存储训练过程中的步数和误差信息。

利用 Sigmoid 函数可以对训练后的网络进行仿真,还可以利用神经网络工具箱中的 postreg 函数对训练后的网络实际输出和目标输出做线性回归分析,来检查神经网络的训练结果。

三、突水水源的判别

(一)判别因子的选择

根据煤矿的实测资料,通过以前的水化资料可知奥陶系灰岩水是重碳酸钙镁水,而石炭系灰岩水是重碳酸钙、重碳酸钾钠型水,它们的总硬度、矿化度和 pH 值相差较大,$Ca^{2+} + Mg^{2+}$ 以及 $K^+ + Na^+$ 含量也不同,所以可以作为判别突水水源的依据。含水层的富水情况也不一样,可以根据突水过程的涌水量来判别。因此,选择该区的水质和水量作为判别煤矿突水水源的指标,训练样本如表3-2所示。

表 3-2 判别因子指标与输出样本

输入样本 P						输出值	
矿化度	pH 值	总硬度	$Ca^{2+} + Mg^{2+}$	$K^+ + Na^+$	水量	突水水源	目标样本 T
6.50	8.30	1.21	0.12	1.65	9.70	C_3 灰	1
6.47	8.40	1.32	0.08	1.34	6.50	C_3 灰	1
6.34	8.45	3.20	0.13	1.23	6.67	C_3 灰	1
6.25	8.30	2.45	0.21	2.45	1.70	C_3 灰	1
6.42	8.25	3.70	0.25	2.36	0.54	C_3 灰	1
6.10	8.40	1.37	0.31	2.31	3.42	C_3 灰	1
6.30	8.50	1.59	0.17	1.86	1.50	C_3 灰	1
6.45	8.35	3.67	0.10	2.01	3.00	C_3 灰	1
6.40	8.30	1.78	0.18	1.27	2.00	C_3 灰	1
3.06	7.40	14.52	0.90	0.12	12.50	O_2 灰	2

考虑到煤矿突水的水源主要受水质的影响,水量也起到一定

的作用,把水质和水量统一到一个标准上,这样才会把它们对影响突水水源判断的大小表现出来,由于软件全是通过数字传递信息,所以把石炭系灰岩突水目标样本设置为1,把奥陶系的样本设置为2,然后通过判断输出目标结果与所设置数字的接近程度来判断突水水源。

(二)突水水源的判别

首先设定一个输入样本P,输出目标矢量T,建立一个神经网络,包含一个隐层,输入传递函数,权值和阈值,学习函数和性能函数,对网络进行训练和仿真。训练函数是trainlm;传递函数是正切的Sigmoid函数和线性函数purelin;学习函数是learngd;性能函数是mse。训练模型如图3-6所示。

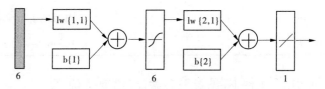

图3-6 神经元的网络模型

输入层有6个神经元,隐层也有6个神经元,输出层有1个神经元。

根据以前突水的情况,采用6个指标,对10个样本进行突水水源训练(见表3-2),通过模型训练在13步达到目标,如图3-7所示。

通过训练,其结果如表3-3所示,目标样本值和结果输出值一致,误差较小。

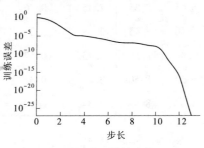

图3-7 训练步骤

69

表 3-3　训练样本结果输出

突水水源	目标样本值	输出值	误差
C_3 灰	1	1	$-2.664\,5e-015$
C_3 灰	1	1	$2.331\,5e-015$
C_3 灰	1	1	$1.443\,3e-015$
C_3 灰	1	1	$8.992\,8e-015$
C_3 灰	1	1	$-7.105\,4e-015$
C_3 灰	1	1	$-2.664\,5e-015$
C_3 灰	1	1	$-3.108\,6e-015$
C_3 灰	1	1	$-8.881\,8e-016$
C_3 灰	1	1	$-4.440\,9e-016$
O_2 灰	2	2	$1.896\,3e-013$

然后用 5 个样本(见表 3-4)验证模型的正确性。

表 3-4　验证样本

验证样本						实测值
TDS	pH 值	总硬度	$Ca^{2+} + Mg^{2+}$	$K^+ + Na^+$	水量	突水水源
6.45	8.35	1.45	0.16	1.38	8.10	C_3 灰
6.50	8.45	2.68	0.23	1.87	2.43	C_3 灰
6.44	8.55	3.45	0.17	2.34	4.82	C_3 灰
6.22	8.50	3.12	0.32	2.02	6.67	C_3 灰
6.43	8.45	1.34	0.09	1.62	1.50	C_3 灰

把 5 个验证样本(见表 3-4)输入,仿真结果是:
[1 1 1 0.999 99 1],和实测值基本一致,说明网络模型比较合适,

所以矿坑突水的水源判别可以根据这个神经网络模型来判别。

以第 18 次突水为例来判断突水水源,给定突水的水质和突水量资料(见表 3-5),作为一个判别样本输入网络模型,然后输出一个结果值,通过结果来判别突水水源。

表 3-5　样本资料

TDS	pH 值	总硬度	$Ca^{2+} + Mg^{2+}$	$K^+ + Na^+$	水量
5.97	7.45	9.9	1.0	0.46	12.5

把样本输入上面网络模型中,如果突水水源是石炭系灰岩水,期望输出值是 1,如果是奥陶系灰岩水输出值是 2。经过循环后,仿真结果为 1.9709,其输出结果值接近于 2,据此可判断突水水源为奥陶系灰岩水,其水质与奥灰水基本相同,由于混有少量的石炭系灰岩水导致矿化度的增大。原因是小断层沟通石炭系灰岩水和奥陶系灰岩水的联系,从而引发煤矿的突水。

该方法在判别突水水源上具有很强的学习和容错能力,具有较高的准确性,可以用来快速准确地判断突水水源,为煤矿水害的治理提供了可靠的依据。

由于资料有限,此处所做的只是一种简单的判断,如果考虑多种影响因素,再通过一定的标准转化为数学模型,那样预测将会更加准确。此处只是把神经网络作为一种方法应用于突水水源的判别中,其结果的准确度受到了资料的限制,最终的突水水源判别应结合实际情况进行分析。此判别与前述的突水水源判别是一致的。

第四章 矿坑涌水量的预测

矿坑的涌水量是指单位时间内流入矿坑的水量,常用 m^3/d、m^3/min 表示。因为流入矿坑的水是通过一定能力的排水设备排出矿坑的,所以通常用单位时间内的排水量来表征矿坑的涌水量。矿坑的涌水量又分为正常涌水量和最大涌水量。正常涌水量指平水期保持相对稳定的总涌水量;最大涌水量指雨季时的洪峰流量。

矿坑涌水量的预测是对矿坑充水条件的定量描述,也是矿山开采设计中制定防治方案的依据。因此,正确地预测矿坑的涌水量是预防煤矿突水的关键。预测煤矿涌水量的方法有很多种,如水文地质比拟法、涌水量—降深曲线法、相关分析法、水均衡法、解析法和数值法。每种方法都有它们使用的范围和优缺点,本章利用水文地质比拟法、解析法和数值法来预测矿坑的涌水量。

第一节 水文地质比拟法

水文地质比拟法是利用工程地质和水文地质条件相似、开采方法基本相同的生产矿井的排水资料,来预计新建矿井的涌水量。该矿井已经多年开采生产,其工程地质和水文地质条件已基本查明,利用以往历年矿井涌水量资料,对未来矿坑涌水量进行比拟预算较为适宜。本矿为多水平分区开采,随着开采面积的不断增加,矿井涌水量也呈逐渐增加的趋势。据本矿井历年矿井涌水量观测资料,矿井正常涌水量在 $300\ m^3/h$ 左右,最大涌水量为 $384.0\ m^3/h$,约为正常涌水量的 1.3 倍。故选择比拟式为

$$Q = Q_1 \sqrt[4]{\frac{F}{F_1}} \qquad\qquad (4\text{-}1)$$

式中　Q——矿井预算涌水量;

　　　Q_1——当前矿井正常涌水量;

　　　F——矿区面积;

　　　F_1——已回采面积。

将 $Q_1 = 313.61$ m³/h, $F = 10\ 447\ 300$ m², $F_1 = 4\ 000\ 000$ m² (平面图上量取),代入式(4-1),经计算得 $Q = 398.68$ m³/h,据此推算,深部雨季矿坑最大涌水量 $Q_{max} = 518.29$ m³/h。

第二节　解析法

解析法是预测矿坑涌水量中应用最广泛的一种方法。它是运用地下水动力学原理,以数学分析的方法,对一定边界条件和初始条件下的地下水运动建立定解公式,然后运用这些公式预测矿坑涌水量。解析法最常用到的井流法,其公式有稳定流和非稳定流解析法,一般矿坑排水疏干含水层的过程是一个非稳定过程,只有在充水岩层为大面积分布的强透水层,当矿山排水疏干至某一水平后,水位基本稳定,可近似用稳定井流计算矿坑的涌水量。

一、建立水文地质概念模型

通过前文分析可知,向矿坑充水的主要含水层是石炭系灰岩水和二叠系砂岩裂隙水,在矿区西部边界有断层 F_{41} 和 F_{44} 出露,其落差较大,石炭系灰岩和二叠系砂岩相接,可以看成弱透水层,在矿区东部有断层 F_{10} 出露,导致石炭系灰岩与奥陶系灰岩相连,属于流量边界,南部灰岩出露地表,通过岩溶裂隙直接接受大气降水补给,是自然的分水岭,相当于隔水边界。岩溶裂隙发育不均,可把整个矿区分成两个透水岩层,以 F_{45} 为界,西部透水性好,东部透水性差,赋予不同的水文地质参数。所以,煤矿开采到一定程度时,矿坑排水可概化成承压的稳定井流抽水。

二、计算参数的确定

(一)含水层厚度(M)

石炭系灰岩含水层厚度在 4.65 ~ 11.63 m,取其平均厚度 6 m,二叠系砂岩含水层的厚度为 30.48 m,对煤矿开采存在威胁的奥陶系灰岩厚度为 23 m。

(二)渗透系数(K)

根据以前的钻孔抽水资料,结合含水层水文地质条件来确定。

(三)初始水头(H)

根据钻孔水位的观测资料,奥陶系和石炭系灰岩水的初始水头为 430 m,二叠系砂岩水的初始水头为 521 m。

(四)水位降深(S)

井筒标高或储量计算边界标高与静水位之差,即初始水位与设计水位之差。

(五)矿坑的引用半径

本区矿坑采用不规则多边形和不规则圆形分别根据公式

$$r = \frac{P}{2\pi} \qquad r = \sqrt{\frac{F}{\pi}}$$

求解矿坑的引用半径。其中 P 为矿坑的周长,F 为矿坑的面积。

(六)影响半径

(1)扩展不到边界时,在承压水抽水时,采用下式

$$R = 10S\sqrt{K} \qquad\qquad (4-2)$$

式中　S——水位降深;

　　　K——渗透系数。

(2)引用影响半径。矿坑巷道系统采用不规则多边形时,引用影响半径采取下列公式

$$R = 2S \sqrt{KH} + r \qquad (4\text{-}3)$$

三、计算方法

对于本矿坑的涌水量预测采用竖井、水平巷道和大井法进行涌水量计算,其计算公式如下。

(一)竖井涌水量计算

1.边界无限延伸的涌水量计算

当边界无限延伸时,涌水量的计算采用下式

$$Q = \frac{2.73KM(H-h)}{\lg R - \lg r} \qquad (4\text{-}4)$$

2.井筒位于隔水边界附近的涌水量计算

当井筒位于隔水边界附近时,涌水量的计算采用下式

$$Q = \frac{2.73KMS}{\lg R^2 - \lg 2ar} \qquad (4\text{-}5)$$

式中　a——井筒到隔水边界的距离。

3.两个井筒在同一含水层时的涌水量计算

当两个井筒在同一含水层时,涌水量的计算采用下式

$$Q = \frac{2.73KMS}{\lg \dfrac{R^2 + d^2}{2dr}} \qquad (4\text{-}6)$$

式中　d——两个井筒之间的距离。

4.井筒位于透水性不同的两个岩层边界附近涌水量计算

当井筒位于透水性不同的两个岩层边界附近时,涌水量的计算采用下式

$$Q = \frac{4\pi KMS}{2\ln \dfrac{R}{r} + \dfrac{K_1 + K_2}{K_2 - K_1}\ln \dfrac{R^4 + 4d^2}{4d}} \qquad (4\text{-}7)$$

5.井筒位于直交的二隔水边界之间的涌水量计算

当井筒位于直交的二隔水边界之间时,涌水量的计算采用

下式

$$Q = \frac{2\pi KMS}{\ln \dfrac{R^4}{8rd_1d_2\sqrt{d_1^2 + d_2^2}}} \tag{4-8}$$

(二)水平巷道涌水量的计算

水平巷道涌水量的计算采用下式

$$Q = LK\frac{(2H - M)M - h^2}{R} \tag{4-9}$$

此式适用于承压水 – 潜水完整型的两侧进水。

(三)大井法涌水量的计算

$$Q = 2.73K\frac{MS}{\lg R - \lg r} \quad (承压水) \tag{4-10}$$

$$Q = 1.366K\frac{2HM - M^2 - h^2}{\lg R - \lg r} \quad (潜水 – 承压水) \tag{4-11}$$

$$Q = \frac{2\pi KMS}{\ln \dfrac{\alpha_2}{\beta_2 r_0}} \quad (直交的两隔水边界巷道系统) \tag{4-12}$$

其中 $\alpha_2 = \sqrt{(2d_2 + 2r_0)^2 + r_0^2} \times \sqrt{(2d_2 + 2r_0)^2 + (2d_1 + r_0)^2}$

$\beta_2 = 2d_1 + r_0$

不规则圆形 $\quad r = \sqrt{\dfrac{F}{\pi}} \quad \dfrac{a}{b} < 2 \sim 3$ 时, F 是基坑面积;

不规则多边形 $\quad r = \dfrac{P}{2\pi} \quad \dfrac{a}{b} > 2 \sim 3$ 时, P 为基坑周长。

四、计算结果

根据上面公式,利用不同的方法计算不同开采水平时矿井的涌水量,其计算结果如表 4-1 所示。

表 4-1　不同开采水平的矿井涌水量　（单位：m³/h）

开采水平	计算方法			总计
	竖井法	巷道法	大井法	
+200 m	310～380	320～400	300～390	300～400
+100 m	350～440	390～500	430～540	350～540
+0 m	430～500	420～550	560～650	420～650

　　通过将矿区概化为几个不同性质的边界，利用竖井法、巷道法和大井法对其求解，最终得出不同开采水平时的涌水量，和实测矿坑的涌水量对比可以看出竖井法比较接近，而大井法有点偏大。利用解析法对水文地质条件进行了简化，其结果与实际存在一定的差距，只能作为深部开采时的参考依据。但是解析法存在以下不足：

　　（1）它是在实际水文地质条件的基础上简化为能够适用于利用解析法来求解的模型，与实际情况存在一定的差距。

　　（2）一般岩层的含水介质基本上是非均质的含水层，而计算要求是均质的，所以必须对含水层的水文地质参数进行处理，这种用一个参数来代替整个含水层参数的方法，也会影响计算结果。

　　（3）对于矿坑巷道的疏排水，其疏干工程及坑道系统布局对于确定引用半径也存在影响，把整个巷道系统作为一个大井来考虑，其计算结果也会存在偏差。

　　因此，解析法用来预测矿井的涌水量，必须大胆而巧妙地对水文地质条件概化，选择适合的参数和适当的公式来进行计算，这样得出的结果与实际的误差就会很小，才能准确地预测。

第三节　数值法

　　煤矿顶部和底部的含水层，其分布状态、含水量的大小以及水压等都会或多或少地对煤矿开采产生一定的影响，处理不当就有可能发生严重的突水事故，给煤矿生产和生命安全带来危害。为了更准确地了解矿区的地下水的情况,现对该矿区的流场进行地下水流场的刻画与模拟,了解煤层开采对地下水的影响,以及不同开采水平时矿坑的涌水量,为以后开采时疏水设计提供依据,保证采煤过程的安全,将其可能存在的危害预先防治,将其可能存在的经济损失降到最低。

一、水文地质概念模型及参数概化

(一)概念模型

本次模拟的范围是渑池向斜的西部,基本上以矿区边界作为模拟的边界,模拟的地理坐标是 X 方向 3 842 000 ~ 3 847 000, Y 方向 37 548 000 ~ 37 552 000,南北长 4.54 km,东西宽 2.5 km,面积 11.35 km²。在垂向上,由于煤层底部奥陶系灰岩水对煤层突水有重要的影响,所以模拟的范围从地表到奥陶系灰岩,模拟范围标高从 +800 ~ -60 m。

本研究区是一个相对独立的水文地质单元,矿区内岩溶裂隙水是本次地下水量评价的重点。研究区内潜水含水层北部区域地下水径流走向基本上是由矿区西北向东、东南方向流动的;南部区域地下水径流走向基本上是由东向西、西南方向流动的。局部区域受开采的影响形成小的汇流区(见图4-3)。研究区内深层承压水,径流走向基本上是由西向东流动的,但受煤矿开采影响剧烈,在中部地区形成一个较大的汇流区,明显地改变了影响范围内的地下水流向。同时,南部水压较高,对地下水的流向也有明显的影响(见图4-4)。浅层水的补给来源主要是降水、河水及侧向补给;开采(包括矿坑排水)、蒸发及向深层越流为主要的排泄途径,小部分向东排出研究区外。深层水的主要补给来源是上层越流和周边的侧向补给,开采为唯一的排泄途径。

根据岩性的变化,整个研究区共分为 8 层(其中 4 个含水层),各层均是非均质各向异性。研究区内的断层、天窗及矿坑的存在,使上、下含水层互相串通,现已成为统一的混合含水层。因此,应该将其地下水水流系统概化为三维非稳定流动系统。

(二)参数概化

1. 边界条件的概化

根据水文地质条件和钻探资料,矿区可视为相对独立的水文地质单元,西部断层较发育,张扭性,受 F_{41} 和 F_{44} 断层控制,沟通邻矿含水层之间的联系,所以西部边界概化为流量边界,南部边界主要是灰岩裸露区,地下水主要受降雨的影响,因此此边界可概化为(一般)给定水头边界 $H(x, y, t) = \psi(x, y, t)$,北部的马头山地形较高,主要是马头山砂岩,与邻矿存在一定的联系,可概化为流量边界,东部地形较低,是该区的径流区,可看成排泄边界,概化为流量边界(见图4-1)。上部边界主要是大气降水和地表水的补

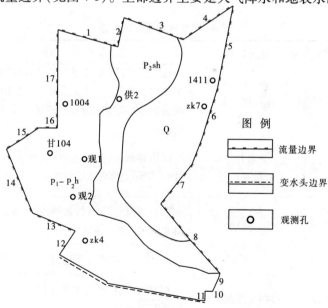

图4-1 煤矿观测孔的分布以及边界条件概化

给边界,下部边界主要是奥陶系冶里组的白云质灰岩,岩溶裂隙不发育,可以看做是隔水边界。

2. 含水层的概化

本次数值模拟主要是为了了解各含水层对开采煤层的影响。本区主要有 4 个含水层,各含水层之间都有一定的隔水层把它们隔开,虽然该区处于一个单面的向斜中,其地层的倾角较小,每个含水层在水平方向上成为一个独立的水流系统,在垂向上由于断层的作用,导致地层缺失,它们通过越流或天窗的方式互相联系,由于本次模拟主要是研究各含水层对煤层的充水作用,所以把煤层单独看做一层来刻画。本次模拟在垂向上共分为 8 层,除去含水层,还把含水层之间的弱透水层通过赋予较小的参数来刻画,各层简述见表 4-2。

表 4-2　含水层概化的简述

分层	地层岩性	含水层性质及描述
第一层	第四系、第三系砂砾石和马头山砂岩	孔隙潜水,导水、赋水性好,砂砾层岩河床和沟谷发育,会对浅部煤层产生影响,马头山砂岩裂隙水分布在矿区中部,赋水性较差
第二层	二叠系上部泥岩和泥砂岩	泥质碎屑岩,厚度在 60 ~ 100 m,隔水性好,阻隔上部含水层对煤矿的充水
第三层	煤层上部砂岩	砂岩裂隙水,导水性较弱,透水性差,以淋水形式向矿坑充水
第四层	二$_1$煤层	开采层,分布厚度不均,部分地区缺失
第五层	煤层底部泥岩	相对隔水层,厚度在 10 ~ 54 m,阻隔石炭系灰岩水充水

分层	地层岩性	含水层性质及描述
第六层	石炭系灰岩	岩溶裂隙水,在西部岩溶较发育,赋水性好,向东部逐渐减弱,是矿坑突水的主要水源
第七层	石炭系泥砂岩和铝土岩	隔水层分布不均,厚度变化明显,阻隔奥陶水与石炭灰岩水联系
第八层	奥陶系灰岩	岩溶裂隙水,厚度大,赋水性好,是矿坑的间接充水水源,一旦突水危害严重

二、地下水流的数学模型

研究区地下水系统概化为非均质各向异性的三维非稳定地下水流系统。用下面的微分方程来描述

$$
\begin{cases}
\dfrac{\partial}{\partial x}\left(K_{xx}\dfrac{\partial H}{\partial x}\right) + \dfrac{\partial}{\partial y}\left(K_{yy}\dfrac{\partial H}{\partial y}\right) + \dfrac{\partial}{\partial z}\left(K_{zz}\dfrac{\partial H}{\partial z}\right) + \varepsilon \\
\quad = \mu_s\dfrac{\partial H}{\partial t} \quad (x,y,z)\in\Omega, t>0 \\
H(x,y,z,t)\mid_{t=0} = H_0(x,y,z) \qquad x,y,z\in\Omega \\
H(x,y,z,t)\mid_{(x,y,z)\in B_1} = H_1(x,y,z,t) \qquad x,y,z\in B_1, t>0 \\
K\dfrac{\partial H}{\partial n}\mid_{(x,y,z)\in B_2} = q(x,y,z,t) \qquad x,y,z\in B_2, t>0
\end{cases}
\tag{4-13}
$$

式中　H——地下水水头;

　　　　K_{xx}, K_{yy}, K_{zz}——x, y, z 方向渗透系数;

　　　　μ_s——含水层给水度或比储水系数,第一含水层取重力给水度 μ_d,其他层选用比弹性释水(储水)系数 μ_s;

　　　　H_0——含水层初始水头;

　　　　H_1——各层边界水位;

　　　　q——含水层二类边界单位面积过水断面补给流量;

ε ——源汇项强度(包括开采强度等);

Ω ——渗流区域;

B_1 ——水头已知边界,第一类边界;

B_2 ——流量已知边界,第二类边界;

n ——渗流区边界的单位外法线方向。

三、地下水流的数值模拟及预测

(一)模拟软件的介绍

本次模拟采用的是美国 Brigham Young University 的环境模型研究实验室和美国陆军排水工程实验工作站开发的 GMS 软件,即地下水模拟系统(Groundwater Modeling Systems)的简称。它在综合 MODFLOW, FFMWATER, MT3DHIS, RT3D, SEAM3D, MODPATH,SFFP2D 等已有地下水模型的基础上开发的一个综合性的、用于地下水模拟的图形界面软件。其图形界面由下拉菜单、编辑条、常用模块、工具栏、快捷键和帮助条 6 部分组成,使用起来非常便捷。

本次模拟应用 GMS 中的概念模型方式建立 MODFLOW 和非稳定流数据管理模块,先建立概念模型,然后转化为数值模型,建立有限差分的三维流动数值模型,随着时间的变化赋予不同的流量值,模拟条件变化状态下的地下水流动。

GMS 软件模块多,功能全,几乎可以用来模拟与地下水有关的所有水流和溶质运移问题。

(二)模型的离散化

1. 网格剖分

建立了地下水流的数学模型之后,要对渗流区进行离散化(剖分),将复杂的渗流问题处理成在剖分单元内简单的、规则的渗流问题。本次模拟我们采用有限差分法进行数值计算。在离散化时要遵循两条基本原则:

（1）几何相似。要求物理模拟模型从几何形状方面接近真实被模拟体。

（2）物理相似。要求离散单元的特性从物理性质方面（含水层结构、水流状态）近似于真实结构在这个区域的物理性质。

网格剖分对计算的精度和计算的效率有很重要的影响。由于本次模拟的范围比较小，且重点开采地段以及地下水位变化较大地段也就是矿区，所以我们采用的剖分网格比较密集，同时考虑到 GMS 中 MODFLOW 模块要求网格剖分时，渗透系数 K 的主轴方向与坐标轴的方向一致，所以我们采取有限差分法中的矩形单元格法进行剖分，平面上坐标轴方向与地理坐标方向一致，由于此区处于一个单向斜的区域，行向上与向斜的轴部平行，剖分了 60 个单元，列方向与向斜轴部垂直，分 84 个单元，共计 5 040 个单元，其中计算区域内的有效单元 2 469 个，水平网格大小为 65 m ×65 m。垂向上分为 8 层，每层采用等长等宽不等厚的正六面体单元进行立体剖分。具体见图 4-2。

2. 时间离散

根据矿区开采和观测资料，选取 2006 年 1 月 1 日到 2007 年 6 月 1 日作为模型识别的时段，以每个月作为一个地下水开采应力期，共有 17 个应力期，时间步长为 1 d。

（三）初始条件

根据煤矿的开采资料和观测资料，本次模拟初始时刻从 2006 年 1 月 1 日开始，根据各个观测孔的水位经过插值作为模拟的初始流场。上部潜水含水层流场见图 4-3 和下部承压含水层流场见图 4-4。

（四）边界条件

模型的边界由煤矿的边界确定，边界类型在东、西、北部为流量边界，南部为变水头边界，根据收集到的水文地质资料和抽水资料，确定出不同地区含水层的渗透系数，再根据达西定律求得侧向边界流量，各边界断面的初始流量见表 4-3。各断面边界位置见图 4-1。

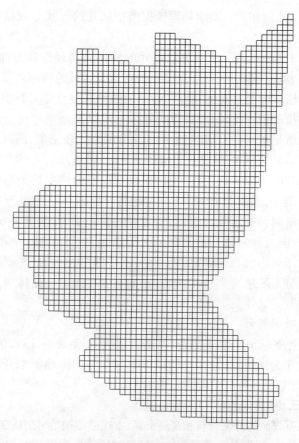

图4-2 石壕煤矿矿区网格剖分平面图

表4-3 各断面的侧向补给量

编号	断面位置	断面长度 （m）	导水系数 （m²/d）	水力坡度	侧向补给 （m³/d）
1	北部 F_{44}	965	4.5	−0.025 76	−111.86
2	北部边界	500	12	0.003 34	20.02
3	北部边界	1 030	12	0.000 58	7.18

编号	断面位置	断面长度 （m）	导水系数 （m²/d）	水力坡度	侧向补给 （m³/d）
4	北部边界	985	5.4	0.016 60	88.31
5	F₁₀断层	1 600	8.4	0.031 33	421.01
6	东部边界	1 065	9	0.003 22	30.86
7	东部边界	935	15	− 0.023 10	− 323.94
8	东部边界	1 465	8.4	0.004 72	58.03
9	东部边界	345	7.2	0.002 55	6.34
10	东部边界	145	4.8	0.002 89	2.01
11	东部边界	150	6	0.005 77	5.20
12	西部边界	480	4.8	0.000 29	0.67
13	西部边界	735	5	− 0.016 41	− 60.32
14	F₄₁断层	1 145	12	− 0.032 20	− 442.41
15	西部边界	610	9	0.000 17	0.95
16	西部边界	295	11.4	0.009 85	33.12
17	F₄₄断层	1 650	7.8	− 0.014 44	− 185.79

注：边界号从西北角开始顺时针排序。

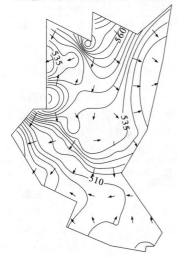

图 4-3　潜水含水层流场

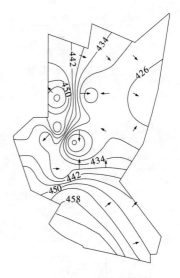

图 4-4　承压含水层流场

（五）水文地质参数的初始化

水文地质参数与含水层的岩性、孔隙度等因素有关。根据抽水资料,结合该区钻孔揭示的岩性资料分析得出不同含水层水文地质参数的变化区间(见表4-4、图4-5)。由于第五层和第七层含水层都是隔水层,整个研究区赋一个值。

表4-4　各层水文地质参数变化区间表

层号	分区号	岩性	k(m/d)	s(m/d)
一层	1	砂砾石、黄黏土	0.01 ~ 1	0.1 ~ 0.44
	2	马头山砂岩	0.090 5 ~ 0.325	0.01 ~ 0.1
	3	风化砂岩	0.069 2 ~ 0.083 3	0.01 ~ 0.02
	4	砂砾石	1 ~ 10	0.000 1 ~ 0.001
二层	1	泥岩夹砂岩	0.000 1 ~ 0.001	0.001 ~ 0.01
	2	砂岩	0.005 ~ 0.05	0.001 ~ 0.01
三层	1	砂岩	0.005 ~ 0.08	0.000 1 ~ 0.001
	2	砂岩	0.008 ~ 0.01	0.000 1 ~ 0.001
四层	1	煤层	0.000 01 ~ 0.000 1	0.000 1 ~ 0.001
	2	采空区	0.01 ~ 10	
五层	1	泥岩、砂质泥岩及薄煤层	0.000 1 ~ 0.001	0.001 ~ 0.01
六层	1	灰岩	0.1 ~ 10	0.000 1 ~ 0.001
	2	灰岩	0.003 ~ 0.03	0.000 2 ~ 0.002
	3	灰岩	0.000 1 ~ 0.001	0.000 5 ~ 0.001
	4	灰岩	0.000 01 ~ 0.001	0.000 1 ~ 0.001
七层	1	铝土岩	0.000 01 ~ 0.000 1	0.001 ~ 0.01
八层	1	灰岩	0.2 ~ 3.0	0.000 01 ~ 0.001
	2	灰岩	0.05 ~ 1.0	0.000 1 ~ 0.001
	3	灰岩	0.1 ~ 0.8	0.000 01 ~ 0.001
	4	灰岩	0.05 ~ 0.1	0.000 1 ~ 0.001
	5	灰岩	0.000 2 ~ 0.006	0.000 1 ~ 0.001

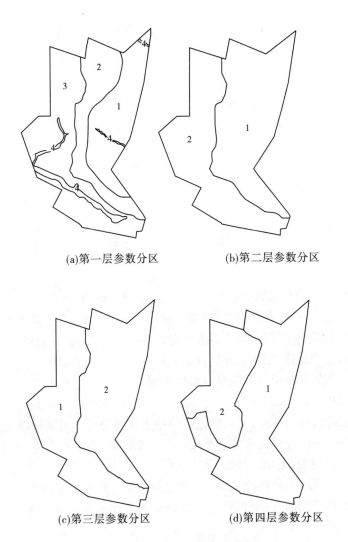

(a)第一层参数分区   (b)第二层参数分区

(c)第三层参数分区   (d)第四层参数分区

图 4-5 各含水层参数分区图

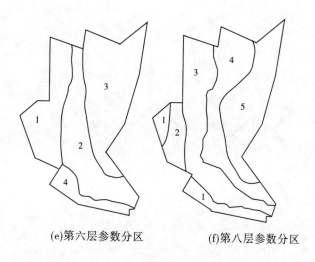

(e)第六层参数分区   (f)第八层参数分区

续图4-5

一般的水文地质参数,先根据地层岩性确定其含水类型,如果是孔隙水,根据其孔隙度,分选程度等确定其参数值,裂隙水主要是看裂隙的发育程度,岩溶水根据岩溶率来确定,最终结合该区以前的渗透系数,把研究区划分成不同区域来确定其参数。

该区第一层分区是根据岩性来划分的,第三层是根据砂岩的风化程度,第六层含水层是根据灰岩的溶蚀率和断层裂隙程度,第八层是根据岩溶率,并结合以前的抽水资料分区。而其他隔水层的参数是结合经验常数赋予较小的参数来确定的。

(六)源、汇项的处理

本区的主要补给来源是大气降水,其次是地表水(河流和水库),以及侧向补给,该区的排泄以矿井排水和人工开采为主,部分以侧向排泄排出。

1. 大气降水补给

降水是该区的主要补给来源,降水补给量的多少受许多因素影响,如岩性、坡度、地下水位埋深、降雨强度等。空间上根据矿区的地形地貌特征、地表基岩出露、岩性的差异情况和第四系覆盖资料,对模拟区降雨入渗条件进行平面上分区,对同一分区近似认为入渗强度相同。本区的降雨入渗系数分区与第一层的水文地质参数分区相同,主要是根据地表覆盖层的岩性来确定的(见表4-5)。时间上根据降水强度的变化,在每个应力期内的每一天给定一个日平均降雨量(本次研究把多年月平均降雨量均匀分配到每一天),然后再乘以该区的入渗系数,从而求出随时间变化的降水补给量。这种补给在某个时间段内可能与实际情况不符,但是从一个水文年来看,与整年的补给量是相当的。

表4-5　降雨入渗系数分区

分区	1	2	3	4
降雨入渗系数	0.05	0.02	0.01	0.15

2. 地表水的渗漏补给

本区的地表水主要是位于该区南部的甘壕河,河宽4～20 m,平时流量很小,平均流量110 m³/h,雨季流量较大,这条河横穿煤系地层浅部,在局部地段下渗并向矿坑充水,该河应用 MODFLOW 中的河流模块来刻画。根据河水位、潜水位高程及河床到潜水的水面距离与河床的渗透系数,对其赋予初始渗漏量,再根据模型调节其补给量的大小。

3. 人工开采

本区的开采主要是人工供水开采和矿井排泄,根据实际资料可知,该矿的生活用水,主要是抽取供水孔 1 和第 18 次突水点的地下水,所以把这两点作为抽水井,根据需水量的变化控制抽水量的变化。在采煤的过程中,矿井不断地排出涌入巷道中的水,主要是煤层上部水和底部灰岩水,由于巷道排水,可以用线状的 Drain 模块刻画,用线性分布的抽水井来代替坑道排水,使其水量保持一致即可,这部分排出的水一般可看成矿井涌水量。

(七)模型的识别

为保证所建立的数学模型能够反映实际流场的特点,在进行模拟预报前,必须对数学模型进行校正(识别),从而反求水文地质参数,尽可能使观测孔的观测水位和计算水位相一致。

利用已有的观测资料,选用 2006 年 1～12 月的水位作为拟合期,对模型进行调参,使观测水位变化尽可能反映在模型中,并使其误差值在允许范围内,然后在此基础上用 2007 年上半年的水位作为检验期,检验模拟结果是否与实际相符,如果相符,说明此模型比较可靠,可以反映实际的情况;如果相差较大,再分析其原因,然后根据实际情况重新调参,最终确定模型。

观测孔的拟合,也就是通过适当地调整模型参数,使观测孔实际水位与计算水位趋势保持一致,数值尽量吻合。从矿区中选择几个有代表性的观测孔观 1、观 2 进行水位拟合,见图 4-6。

通过上面观测孔拟合结果可以看出,各观测孔水位的变化值和计算值变化基本一致,从整体来说,也符合实际的变化规律。整体的拟合误差小于 5%,见表 4-6。模型不同时刻的平均误差见图 4-7。

选取含水岩组的 5 个观测孔的模拟水位与实际观测水位进行重点拟合,因为有 17 个应力期,每一个应力期对应一个水位,所以 5 个孔共有 85 个节点。通过对比实际水位和模拟水位的相对误差,得出识别模型阶段节点误差统计(见表 4-6),从表中不难发现所有观测孔模拟资料中,有 76.5% 节点数相对误差小于 10%,并且有近 70% 的节点绝对误差值小于 1.0 m。所以说,拟合结果基本符合要求。

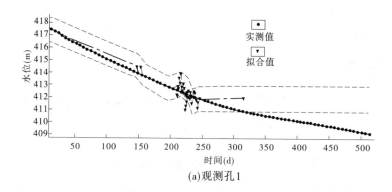

(a)观测孔1

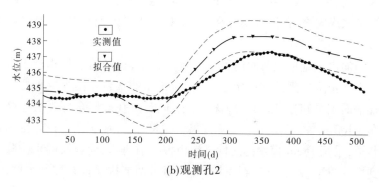

(b)观测孔2

图4-6 观测孔水位拟合

表4-6 识别模型阶段节点误差统计

相对误差范围	< 5.0%	5.0% ~ 10.0%	> 10.0%
节 点 数	65	16	4
占总节点的比例(%)	76.5	18.8	4.7

(八)煤矿深部开采涌水量的预测

该矿的开采方式是立井分水平上下山开采,现在开采巷道标高在 +200 m,矿坑的正常涌水量为 300 m³/h,最大涌水量为 384 m³/h。根据该区煤层分布情况可知,煤层西部埋深较浅,东部较

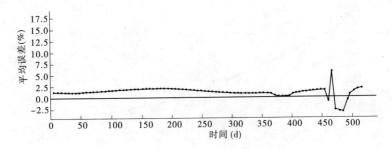

图 4-7　模型不同时刻的平均误差

深,煤层标高从 +400 ~ +0 m,大部分煤层标高在 +100 m 以浅,为了采煤安全,预测开采标高在 +100 m 水平的涌水量,以及底部灰岩水的疏水降压。

涌水量是单位时间内流入矿坑的水量,预测涌水量相当于将地下水位降低到预测指定水平时,所排出的水量。据煤层采掘工程平面图可知,煤层西部埋深浅,东部较深,在矿区东部煤层标高在 +100 m 左右,为了与实际开采更加符合,在矿区东部设置排水巷道,采用 Drain 模块的线性排泄模拟巷道排水,使煤层的水位降到煤层以下,最低点达到 +100 m。通过调节排泄量来控制水位,最终达到预测水平,此时的排泄量就相当于矿坑的涌水量。根据模型计算得出,煤矿开采水平为 +100 m 时的矿坑平均涌水量为 524 m³/h。不同月份的平均涌水量见表 4-7。其对应的煤层上部砂岩水的等水位线见图 4-8。

随着煤层开采面积的增加其涌水量也存在着一定的变化,在开采时一般处于上升阶段,由于煤层的采动,导致顶底板裂隙的扩张,成为充水通道,构成了煤层和顶、底板水源的联系,所以此矿区的涌水量处于增加阶段。从涌水量预测表也可以看出,矿坑涌水量的大小还受到降雨的影响,在雨季涌水量大,旱季小。所以,矿坑的排水应该考虑到季节的影响。到开采后期,静储量被消耗,没有动储量补给时,煤矿的涌水量会逐渐减小。

表4-7　开采水平为+100 m时预测矿坑涌水量　（单位:m³/h）

月份	1	2	3	4	5	6
矿坑涌水量	520.87	533.50	531.10	533.15	513.03	518.94
月份	7	8	9	10	11	12
矿坑涌水量	523.25	543.25	524.80	516.93	510.08	518.66

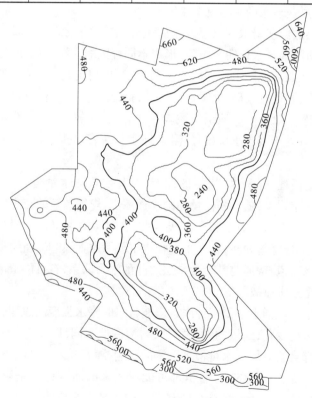

图4-8　第三层预测结果等水位线图

通过图 4-8 可以看出,由于煤层开采,矿坑的不断排泄,煤层顶板水水位快速下降,在开采中心形成明显的降落漏斗,这是由于第三层砂岩裂隙水的富水性较弱,渗透能力相对较差,与地表水的联系不紧密,以静储量为主,即使发生突水,也不会对煤矿产生严重的影响,突水量较小,比较容易疏干。

煤矿的涌水量不仅来自于煤层顶部的含水层,还有可能来自底部的含水层,也就是离煤层最近的石炭系灰岩水,通过模拟预测,第六层灰岩水的水位见图 4-9。

煤层底部灰岩水在煤层开采时也会向矿坑充水,在东部设置排水巷道的地区水位明显下降,形成不同程度的降深,也形成降落漏斗,而在西部地区水位下降速度较慢,原因可能是,该区分布的断层较多,岩层比较破碎,渗透性较大,补给水源较丰富,所以水位下降较慢。东部地区,地层埋藏较深,断层相对较少,富水性相对较弱,并且处于该含水层的径流区,储水资源容易排出,水位下降明显。

综上所述,开采二$_1$煤层的深部时,其矿坑涌水量将会增加,开采到一定程度,随着静储量的减少而减少,煤层坑道的充水源主要来自顶部砂岩裂隙水和底部灰岩水,这两层的水位将会明显下降,甚至形成降落漏斗,在开采过程中主要考虑 F_{45} 和 F_{10} 断层可能作为导水通道,沟通与其他含水层之间的水力联系,有可能造成煤矿的大型水害事故。

由于矿坑涌水量受多种因素影响,比如,降水强度的改变会影响涌水量的变化,断层的性质特征,岩溶率的不同,以及人工开采水平等都会给矿坑涌水量带来一定的影响,随着开采程度的不同,以及采后处理方式的不同,也都可能对未来的涌水量产生影响。本次模拟的矿坑涌水量是在现有资料的水平下完成的,具有一定的参考价值。

图 4-9　第六层灰岩水的预测等水位线

(九)开采 +100 m 煤层的疏降水量预测

由于此区对煤矿开采产生影响最大的是下部灰岩水,根据钻探资料可知,下部灰岩水的水位标高在 +400 m 左右,水压在 2.2 MPa 左右,结合以前的突水资料分析,底板突水系数临界值为 0.05 MPa/m。而煤矿开采水平在 +100 m 和 +0 m 时,其所能承受的最大水压值为 200 m 水柱,应该把灰岩水的水位控制在

+300 m和+200 m,才能保证煤层开采时不会发生底板破坏突水。所以,煤层开采前应该对底部灰岩水进行疏水降压。疏水降压的时间为2年,在开采的位置布置4排抽水孔,通过控制水位来赋予各孔的抽水量,不断地调节抽水量的大小,使其在两年内水位下降到指定的水位,见图4-10。通过模型预测得出,每天抽水量为9 600 m^3/d。

疏水降压后,第八层奥陶系灰岩水模拟水位如图4-10所示,南部边界由于灰岩的出露,直接接收大气降水补给和地表水的补给,水位较高,变化不明显。西部水位也较高。由于埋藏较深的煤层主要分布在该矿区的东部,并且是此区地下水的排泄区,在此区布置抽水孔抽水,将会影响整个矿区水位的变化,形成由南向北,由东到西的流场,使煤层标高在+0 m处的水位下降到200 m,标高在+100 m处的下降到300 m。这样才不会由于水压较大而造成底板突水。

从图4-10可以看出,疏水降压,会使地下水位大幅度下降,可能会引起地质环境问题,排水量大,对水资源也造成了很大的浪费,所以考虑采取其他措施,增加底板的抗压强度,减少排水量,减少地下水的降低。

通过对该矿区流场的模拟和涌水量的预测可知,该区地下水对煤矿的开采产生一定的影响,随着开采深度的增加,其涌水量也会增加,底部奥陶系灰岩水将会越来越严重地影响煤矿的开采,采取正确的降压方案和疏水措施,才能保证开采的顺利进行。深部开采过程中,一定要注意各含水层之间的水力联系,以及可能存在的充水通道,要做到先预防后治理,降低煤矿突水几率,保证开采过程中的安全。

图 4-10   疏水降压后的预测等水位线

第四节 本章小结

根据不同的方法算出的矿坑涌水量的值不同,但是它们都在一定的范围内,在深水平开采时,水文地质比拟法算出的正常涌水量为 380 m^3/h,最大涌水量为 510 m^3/h,解析法得出的最大涌水量为 350 ~ 540 m^3/h,数值模拟的结果为 + 100 m 时,矿坑的平均涌水量为 520 m^3/h。

它们计算之间存在的差别,其主要原因是:水文地质比拟法只是涌水量与面积之间的关系简单换算,没有考虑其他影响因素,所以其得出的结果是一个大概值,矿坑涌水会随着时间、深度、开采方式等因素变化,这种方法与实际情况存在一定的差距,其计算结果只具有参考价值;解析法是把矿区的水文地质条件简单概化,以满足解析法的要求,然后运用公式进行计算,这种方法只要改变一个微小的数值,其结果就会差别很大,它本身也存在一定的缺陷;数值法是把整个区域分成 n 个小块,通过建立其水文地质模型来预测,预测结果正确与否与建立的模型有很大的关系,因此只有正确分析水文地质条件,建立符合实际的模型,其结果才具有实用性。

第五章　煤矿的突水机理分析

第一节　影响突水的因素分析

根据突水点的观测资料,分析突水的原因和条件可以看出,煤矿突水是由多种因素共同作用的结果,其中起主导作用的因素有以下几个方面。

一、含水层的富水性是其基本因素

含水层的存在是对煤层构成威胁的基本因素,考虑一个工作面是否发生突水,首先要看其是否具有充水水源,然后再考虑突水通道的问题,如果该区有含水层的存在,并且富水性强,那么它就有可能对煤层构成一定的威胁,从而发生突水,所以含水层的富水性是制约突水与否的基本因素。该矿煤层下面有两层含水层,即石炭系灰岩水和奥陶系灰岩水,石炭系岩溶裂隙水与煤层较近,但其富水性相对较差,突水时,涌水量不大,易疏干,对煤矿影响不是很大。奥陶系岩溶较发育,其富水性好,一旦沟通与煤层之间的联系,将会发生大的突水,危害比较严重。从以前的突水资料可以看出,奥陶系的突水的涌水量明显较大,并且持续时间长,难以疏干,严重影响了生产。因此,含水层的富水性是突水的基本因素。

二、水压是引发突水的重要作用之一

高水头压力是引起突水的一个重要条件。位于煤层顶板的含水层,采掘工作面一般不能直接揭露,中间有不透水或弱透水层。

承压水要进入采掘空间必须要有一种力突破隔水层或冲刷扩大其中弱透水裂隙,并经过物理弱化作用克服水在裂隙中的流动阻力。若下伏承压水的压力较小,完不成上述过程,即不能形成突水。

三、结构面及其物理性状对突水起决定作用

结构面(包括断层、节理、裂隙、褶皱轴面等)是煤层底板地下水运动的主要通道。其作用结果分析如下:

(1)结构面在承压水环境条件下,按各自的水力联系,有的充满水,并潜伏着一定能量的水压势能。结构面充水的高度一般称为"承压水原始导升高度"。这种有水压能量的潜伏裂隙水,在工程采动的影响下极易形成强渗通道诱发突水。突水量的大小与水源和距采掘工作面的距离有关。

(2)该矿区地层,受构造作用影响,其底板岩体已被结构面切割,强度大大降低,断层的落差使隔水层与含水层间的距离缩短,甚至相接,加大了突水的可能性。

(3)结构面转弯、交接、复合部位,多呈拉张松弛状态,其物理性能低、易变、易于发生变形破坏与失稳,经承压水的楔入而形成强渗通道。

(4)结构面在煤层底板垂直剖面上对含水层和隔水层的穿越情况与突水量的大小有着密切关系,大致可分为以下四种情况。

①穿越整个隔水层进入煤层,一般为较大的断层。在这种情况下,一旦形成采空区,突水即可能发生,突水量一般较大。

②穿越隔水层,但未进入煤层。一般是小断层、节理和裂隙,这种情况下也容易形成突水,一般水量较小。

③穿越含水层但未穿越隔水层。突水与否主要取决于有效隔水层厚度和采动影响深度,这种情况下一旦突水,水量一般较小。

④有些断层、节理和裂隙虽然从上往下穿越煤层、部分隔水层,但未进入含水层,上、下不能连通,一般不容易形成突水。

四、工程采动对底板的破坏作用

工程采动对底板的破坏作用主要表现在三个方面。

(一)应力状态的改变

当工作面从切眼开始回采之后,采面围岩体的应力将发生变化。随着工作面的推进,煤层前方受支撑压力的作用而受到压缩。工作面推过后,应力释放,底板处于膨胀状态。随着顶板的冒落,采空区冒落矸石的压实,工作面后方一定距离的底板又恢复到原岩应力状态。由于工作面处于不断地推进过程中,所以底板处于压缩—膨胀—再压缩的状态。而在压缩与膨胀变形过渡区,底板最容易出现剪切塑变而发生破坏。

从以前的突水资料来看,突水多发生在轨道上山、下山处,以及切眼附近和巷道中,这说明在此处,所受的应力变化较大,裂隙比较发育,易发生破坏突水。

(二)结构面的再扩展

工程采动能够引发原有结构面的再次扩展。由于结构面本身物理性质的差异,其扩展后的导水性能不尽相同,这可以通过采掘工作面的钻孔涌水量反映出来,采动影响,裂隙扩展后张开度大则涌水量越大;反之,水量保持稳定。

(三)采动裂隙带的形成

在工程采动作用的影响下,煤层底板将会出现裂隙带。裂隙带将会削弱底板的阻水作用,因此要特别注意这个带的分布形态和影响深度。工作面在推进过程中始终受动静压力的影响,它们通过支承传递给底板,由岩体向深部和四周传递。向采空区后方传递一定距离后,迫使底板向上弯曲变形,当矿压超过底板的屈服强度时,底板遭到破坏,产生层间和垂向的裂隙。

五、隔水底板岩层厚度对突水的制约作用

隔水底板由于自身向下的重力作用和阻抗能力,对承压水起到压盖作用。水要突破隔水层或冲扩其弱透水的裂隙,必须克服压盖阻力。显然,隔水底板越厚,阻力越大,突水的可能性越小。因此,隔水层厚度与水压之间存在一定的制约关系。

以上五个方面是控制突水的主要因素,其中结构面和高水压是主导因素,采动矿压是诱导因素,隔水层厚度是制约因素,而水源的存在是最基本的因素。通过矿坑突水资料可得,该区突水点主要分布在矿巷道内,轨道上、下山区和工作面切眼的附近,即裂隙较发育区,并且受采动矿压的影响较大,该区突水多与断层有关,并且水头高于开采点位置几百米,这就具备了突水的条件,在这几方面的共同作用下,发生突水的可能性很大。因此,在预测突水时应根据具体问题具体分析,考虑在不同情况下,哪种因素起主要作用。

第二节　岩体力学特征分析

本区开采的煤层主要是二$_1$煤,其周围岩体主要是砂岩、泥岩、灰岩和泥灰岩。顶部主要是砂岩和泥岩。煤层底部是砂质泥岩、泥岩和砂岩。通过以下几个方面来分析煤层上下岩体的力学特征。

一、岩体的物理力学性质

本矿二$_1$煤层常呈粉末状,强度较低,煤层倾角一般12°,属于缓倾斜煤层,沿走向和倾向方向煤层倾角的变化不显著,但煤层厚度变化大,属于不稳定煤层,煤层松软易冒落,对开采影响较大。

二$_1$煤顶板多为砂岩,即大占砂岩,岩性为灰白色中厚层状

粗－中粒长石石英砂岩,由石英、长石及少量的岩屑组成,含黄铁矿结核,有时见有煤屑,层面富含白云母片,分选中等,磨圆度次棱角状－次圆状,钙质或硅质胶结,具大型的交错层理和波状层理,厚度 3.7 ~ 30.16 m,平均厚度 14.52 m,属一级顶板,局部具炭质泥岩(或泥岩)伪顶和伪底,均呈透镜体状,厚度一般为 0.2 ~ 8.4 m;正常情况下采用坑木支护,一般能保证矿井正常生产,偶见冒顶、片帮、掉块及底板底鼓等不良工程地质现象。一般情况下,顶板产状变化比底板小;其次是伪顶板发育极不规则,厚度 0 ~ 8.85 m 不等,或者厚度直接顶板完全缺失,煤层与老顶直接接触,稀疏支护即可。

二₁煤层底板以黑色砂质泥岩为主,泥岩和砂岩则呈零星分布,厚度 10.70 m,泥岩、砂质泥岩中滑面较多。富含黄铁矿结核及少量植物化石碎片,偶夹灰、灰黑色细砂岩,有时夹一层薄层(二₀煤)或煤线。该层为一隔水层,其岩性较软,强度较低。由开采资料可知:底板泥岩在开采过程中易形成底鼓现象,使巷道变形,给巷道维护带来一定的困难。

二、岩体变形特性分析

通过单轴压缩下的变形试验,对山西组煤层顶部砂岩进行试验,结果如图 5-1 所示。

从图 5-1 应力—应变曲线可以看出,开始加载时,应变变化较大,试样中原有的张开性结构和微裂隙逐渐闭合,岩石被压密,为开始出现的上凹形曲线,当岩石压密后,弹性变形至微破裂稳定发展阶段,应力—应变呈近似直线型。当微破裂停止发展后,应变变化逐渐减慢,微破裂出现质的变化,进入破裂阶段,部分薄弱的部位先破坏,然后应力重新分布,最终达到完全破坏,试件的承载能力达到最大,此时破坏时的应力即为此样的抗压强度。

所做的试样为不同深度下的砂岩,从图 5-1 可以看出,埋藏深

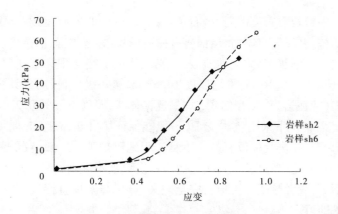

图 5-1　岩块的单轴压缩变形曲线

度大的岩石,其抗压强度小、变形小、微结构面相对于浅部岩石少。砂岩受压时其变形较小,其变形特征为塑弹性模型,这种曲线的变形一般比较坚硬但有裂隙,没有明显的屈服,说明煤层顶部岩石比较坚硬,抗压能力强,具有一定的裂隙,岩石质量等级属于Ⅱ级。

三、岩体抗压强度分析

本次通过采样,做了不同深度不同岩性的试样,其具体结果如表5-1 所示。

岩石的抗压强度受多种因素影响,岩性是其最主要的影响因素之一,从表5-1 可以看出,灰岩的抗压强度最大,然后依次是砂岩、煤层泥岩,所测的试验结果与实际一致。水对岩块强度有显著的影响,当水侵入岩石时,将顺着裂隙进入并润湿全部自由面上的每个矿物颗粒,由于水分子的加入改变了岩石的物理状态,削弱了颗粒间的连结力,降低了岩块的强度,所以饱水性岩石的抗压强度低于干燥状态下的岩石抗压强度,由于开采的煤层越来越深,其周围的岩石都处于湿润状态,其抗压强度较小。裂隙对岩体的抗压强度也有一定的影响,当岩体中裂隙多且呈多向性时,岩体一般容易沿着裂隙破坏,其抗压强度明显降低。

表5-1　不同深度岩石的抗压强度

岩性	取样深度（m）	层位	容重（kN/m³）	抗压强度（MPa）
细砂岩	381	上石盒子组	25.11	63.60
粉砂岩	410	下石盒子组	25.98	63.15
粉砂岩	440	下石盒子组	26.00	76.42
细砂岩	470	山西组	25.31	51.7
煤层泥岩	490	山西组	25.90	35.24
中、细砂岩	108	太原组	24.94	56.29
灰岩	154	马家沟组	26.16	107.54

四、岩体结构类型

本矿煤系地层主要是山西组,是在太原组碎屑——碳酸盐岩滨岸沉积体系的基础上形成的以过渡相为主的一套陆源碎屑含煤岩系。其下部的二₁煤段主要由潮坪相、滨湖沼泽相沉积构成,具类复理式特性,系由泥岩、砂岩、粉细砂岩、灰岩等组成的板状结构岩体。

经过褶皱、断裂等构造作用的改造,上述建造形成完整的缓倾板状结构、有断层切割的板裂结构。在板裂结构中,由于断层切割的频度和破碎程度的差异,可分为板裂结构和碎裂结构。

根据上述原则和依据,将本矿采煤底板岩体结构类型划分为三大类,对不同的结构类型阻隔承压水的状态及其可能被突破的破坏形式进行了基本评价,综合情况见表5-2。下面对不同结构类型岩体的水文工程地质特征进行分析。

(一)完整的板状结构类型区

在完整的板状结构的隔水底板地带一般不易产生突水。但因隔水底板有层面分割,是叠板形式,其阻隔水作用的只考虑单层厚度。如果厚度小于采动破坏影响深度,则仍有形成底鼓水的可能性。

表 5-2　煤层底板岩体结构分类与类型

| 结构类型 | | 围岩体的水文工程地质特征 |
代号	名称	
I	互层完整板状结构	在采动破坏深度大、有高静水压力作用单层隔水层薄时,会产生鼓突性破坏;单层隔水层厚度大,一般仅能产生轻微的鼓突,不会形成危害
II	互层板块结构	该结构一般受中、小断层控制,断裂如为张性,则透水性较大。在地应力和高承压水作用下,可能产生轻微掀抬
III	碎板块结构	该结构体一般受较大断层控制,在矿压、自重与高承压水作用下,张性断裂区碎裂岩体可发生岩溶陷落、渗流,直至发生突喷。压性断裂区一般易发生渗水

(二)受断层切割的板块结构类型区

由于煤层的隔水底板受断层切割破坏了岩体的完整性,形成了节理裂隙密集带,沟通了上下层之间的水力联系,使岩层中具有裂隙的承压水,是导致采区鼓突的主要水源。又由于岩体经受构造运动的多回旋影响,易产生顺层错动,形成顺层断裂带,成为导水和富水地带,使有效隔水厚度减弱。

(三)碎板块结构类型

由于岩体受断裂严重切割形成破裂碎块,其阻水性能和所受应力条件与原岩有很大不同。尤其是经过多次构造运动的影响,断层破碎物质的密实状态及其渗透性能存在差异,经高承压水的楔入能形成渗流通道导致鼓突。

本矿区东部断层较少,岩体完整性好,属于比较完整板状结构,一采区附近有 F_{44} 断层,三采区被 F_{45} 断层切割,其他都是中、小断层,属于断层切割的板块类型,而在该矿的西部有一些大的断层存在,切割比较严重,属于碎板块结构类型,而二采区一部分地区属于这种结构类型,受大的断层控制,一般容易发生突水。

第三节　煤层突水机理分析

一、煤层底板的应力状态

煤层开采后,必然会引起采动空间内应力的重新分布,并产生围岩变形、破坏、冒落等形式的围岩运动。相应地煤层底板应力状态也经历一系列的变化过程,工作面周围支承压力分布见图5-2。

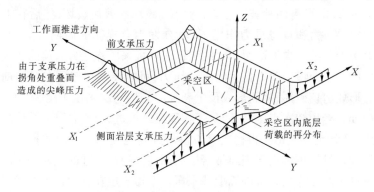

图5-2　工作面周围支承压力分布

煤层开采后,煤层底板层面支承压力会在拐角处重叠造成尖峰压力,底板岩层在上部支承压力和下部水压力的联合作用下,此处煤层及底板岩层处于受压状态,称为超前压力压缩段(第Ⅰ阶段),此段内整个结构岩体呈现以矿压水平分量传递、深度为全厚的整体上半部分受水平挤压,下半部分受水平扩张的力,岩体呈整体上凹形状。煤体应力一直处于上升(增压)状态,底板岩体处于压缩状态。随着工作面向前推进,在切眼附近底板应力总是处于下降(卸压)状态,采空区内地层载荷的再分布,使底板岩体处于膨胀状态,此段称为卸压膨胀段(第Ⅱ阶段)。随着采空区范围的不断增大,冒落的岩体增多,会逐渐压实,重新回到平衡稳定状态,称为采后压缩稳定段(第Ⅲ阶段)。因此,正常回采阶段底板岩体则分别处于采前增压(压缩)—卸压(膨胀)—恢复阶段,且随着工作面的推进重复出现。

二、煤层顶、底板的运动规律

(一)煤层顶板岩层运动规律

随着工作面的推进,采场上覆岩层悬臂达到一定限度后,将会发生破坏,可有两种破坏形式,弯(拉)破坏和剪切破坏,然后在上方岩层压力和自身重力作用下,就会发生有规律的周期性运动。由于老顶第一次失稳而产生的工作面顶板来压称之为老顶的初次来压。致使煤壁前方强大的支承压力,可能导致直接顶在煤壁前方形成剪切破坏,从而形成预生裂隙。一般初次来压步距为20~30 m。老顶初次来压后,回采工作面继续推进,上覆岩层的结构经历了"稳定—失稳—再稳定"的过程,从而也随着工作面的推进而呈周期性出现。由于裂隙带岩层周期性失稳而引起的顶板来压现象称之为工作面顶板的周期性来压。上覆岩层在纵向运动的发展规律是:随采场推进,岩层悬露达到一定跨度弯曲沉降到一定值后,强度低的软弱夹层或接触面在轴向剪切力作用下破坏,发生离层,并为下部岩层的自由沉降和运动方向上部岩层发展创造了条件。岩层的纵向运动总趋势是由下而上逐步发展,离层后上下岩层的运动组合情况由岩层的强度差别决定。上部岩层强度较下部岩层越高,下部岩层越先于上部岩层运动,上部岩层运动滞后的时间越长;相反,强度低的上部岩层将随强度高的下部岩层同时运动。随着上覆岩层的周期性向下运动,会引起地表变形、沉降,最终而形成盆地。

(二)煤层底板岩层运动规律

煤层开采后,采场附近的煤层底板发生垂向运动。在支承压力压缩区,底板产生垂直向下的位移,位移量随支承压力的增大而增加。在煤层开采初期,底板位移为整体向下,支承压力压缩区略大于采空区,随着工作面的推进,煤柱区向下位移量增大,采空区岩层转向向上运动;随采空区的增大,支承压力加大,煤柱区的垂向位移量增加,而采空区向上的位移量也增加。表明煤柱区底板因支承压力作用而压缩,采空区则因卸压而发生膨胀。

垂向位移会随深度的增加而减小,其峰值按指数规律衰减。曲线拟合方程为

$$\delta = 84.093e^{-0.081\,4z} \tag{5-1}$$

式中　δ——底板位移量;

　　　z——底板向下的深度。

三、承压水导升带及再导升带研究

承压含水层会在高水头压力的作用下对其上覆岩层有一定的侵蚀作用,在水–岩–应力相互作用下,会使承压水导升一定的高度。在自然条件下,承压水沿底板裂隙上升的高度为原始导高带。在采动条件下,由于矿山压力的影响,承压水还可进一步导升,称为承压水再导升高度,两者之和为承压水导升带。

(一)承压水原始导高带的成因

承压水原始导高带的形成是承压水对岩石的力学效应使岩石遭受到化学损伤,而此力学效应是与水–岩化学作用密切相关的。

水－岩化学作用导致岩石变形、破坏的差异性表现的是其宏观上的特征，而这种宏观上的差异与其微观结构的改变是密切相关的。水与岩石化学反应是一种复杂的物理化学过程，也是一种从微观结构的变化导致其宏观力学性质改变的过程。此过程削弱了矿物颗粒之间的联系，腐蚀晶格，使受力岩体变形加大、强度降低。其降低程度取决于岩石孔隙、裂隙的状况和岩体应力场、渗流场、温度场及组成岩石矿物的组分、亲水性、可溶解性及其成因，同时取决于其水分的含量和物理化学性质。因此，水对岩石（体）的力学效应的机制取决于水－岩化学作用与岩石中裂纹、裂隙等缺陷及其颗粒和矿物的结构之间的耦合作用。其作用的结果导致岩石的微观成分的改变和原有微观结构的破坏，从而改变了岩石的应力状态和力学性质。水是极性分子，是一种溶解能力很强的溶剂。它与岩石接触时必定会发生溶解－沉淀反应。水－岩相互作用的力学效应取决于：①水溶液的成分及化学性质、流动状态和温度等；②岩石的矿物与胶结物的成分、亲水性、结构、裂隙裂纹的发育状况及透水性等。水－岩之间主要有以下几种作用方式。

1. 物理作用

水－岩相互之间的物理作用对岩石的物理力学性质具有很大影响。温度、湿度及压力的变化可引起矿物（尤其是黏土矿物）的水化、膨胀、分散和收缩。物理作用是导致岩石物理力学性质变化的原因，在很大程度上，首先取决于岩石中的矿物成分，其次是取决于矿物中结构水的成分、存在形式及其含量的变化。黏土矿物晶体表面吸附的交换性离子吸附极性水分子，使水分子进入黏土矿物晶层间或在晶体表面产生定向排列，形成水化膜。进入晶层间的水分子增多，使晶层面的双电层的斥力变大，当晶层面的斥力大于其连接力时，黏土矿物就沿层面分开，由大颗粒变为小颗粒。这种现象称之为黏土矿物的水化膨胀分散。

2. 溶解作用

岩石中颗粒矿物及胶结矿物在水溶液中的溶解作用,受表面化学反应和扩散迁移两方面的作用。矿物的表面化学反应控制,进行反应的"表面区"的深度极小(<1 mm),由于岩石是矿物的集合体,水溶液首先是沿着颗粒之间接触面的微间隙和岩石中存在的微裂纹及细微裂隙等结构面往岩石内部渗透。因此,在整体上,岩石的水化学反应是"渗透—表面—扩散—控制"(简称 OSD 控制)。

3. 沉淀作用

水–岩化学作用可能生成难溶盐,也可能由于水溶液中离子浓度提高而生成可溶盐,形成结晶物沉淀于岩石颗粒的表面或裂纹、孔隙及裂隙等缺陷上,这对岩石力学性质具有重要作用。水溶解了岩石中可溶性的盐分,并沿着岩石的裂隙和孔隙渗透运移,溶液的浓度随着温度、季节和地下水流动系统而变化,当盐分的浓度增大,达到饱和结晶。初期这种结晶盐对岩石的力学性质有好处,即正的力学效应。但是,盐的晶体随着时间的推移会不断增大,其体积逐渐增大,便产生结晶压力,从而改变岩石的结构,也削弱了岩石的强度,即产生负的力学效应。

4. 吸附作用

吸附作用是固体表面反应的一种普遍现象。矿物的溶解是由于表面吸附了水溶液组分并形成表面活化络合物。它是水中离子与岩石表面上离子的一种离子交换作用,会改变岩石表面及裂纹裂隙的结构,从而影响岩石的力学效应。

5. 氧化还原作用

组成隔水底板的岩层多为泥岩、粉砂岩,它们的共同特点是矿物成分以黏土矿物为主。黏土矿物为层状硅酸盐,阳离子成分以 Al^{3+}、Mg^{2+} 为主,其次为 Fe^{3+}、Mn^{2+}、Fe^{2+} 等。当这些岩层与水接触时,会发生水解反应。以 Al^{3+} 为例,在岩层表面及裂隙表面遇水时,立即离解出 Al^{3+},但并非以 Al^{3+} 简单形态存在,而是结合 6

格配位水分子$[Al(H_2O)_6]^{3+}$的水合铝离子,这是一种最简单的单核配合物。它的水解过程产物的形态与价态同 pH 值有密切关系,其氧化还原反应如下:

$$[Al(H_2O)_6]^{3+} \rightleftharpoons [Al(OH)(H_2O)_5]^{2+} + H^+$$
$$[Al(OH)(H_2O)_5]^{2+} \rightleftharpoons [Al(OH)_2(H_2O)_4]^+ + H^+$$
$$[Al(OH)_2(H_2O)_4]^+ \rightleftharpoons [Al(OH)_3(H_2O)_3] + H^+$$

可知,水中的 H^+ 起着反应进行方向的作用,如果使反应向右进行则加大 H^+ 的浓度,反之则减小。

(二)承压水再导升的成因

随着工作面的推进,底板岩层经历:压缩—膨胀—压缩过程,如此周期性运动,底板岩体的体积将会随着发生改变,裂隙会得到进一步发展。在高水头压力和采动矿山应力的共同作用下,承压水沿裂隙递进地向上入侵,在裂隙内的楔劈致裂作用导致裂隙扩展和导升发展。受采动影响处于超前支承压力区内的底板岩层,在支承压力及原地应力作用下,上半部受到水平及铅垂的挤压力作用,而下半部受到水平引张力和铅垂挤压力的作用,所以在支承压力区底板的下半部中的裂隙,重新发育成新的张裂面。由于铅垂力的作用,含水层中的水压局部增加。又由于原始导高存在于底板的下半部中,且其部位应力集中,岩性破碎,在增高了水压的作用下,可再度破坏而使原始导升高度向上自然发展,形成"采动再导升"。

(三)影响承压水导升带发育的因素

影响承压水导升带发育的因素主要有以下几点:

(1)水压。承压水水压越高,水－岩作用越强烈,对岩石破裂程度越严重。

(2)水的流动。静止的水不利于水－岩作用的进行,流动的水促使其进行。强径流带区域内,水－岩作用进行速度较快,即导升带发育且高程较大。

（3）构造。构造位置处于构造裂隙发育部位，如向斜轴部，水－岩作用较强烈，导高较高。

（4）岩性。岩性黏土矿物含量高的岩层有利于水岩之间的反应。因为黏土矿物不仅影响岩石的强度，而且影响岩石的溶解度。泥岩、粉砂岩及细砂岩黏土矿物成分含量一般比中、粗粒砂岩的含量高，因此前者比后者有利于溶解，但往往因后者的硬度大于前者，裂隙形成后不易闭合，从而使得初始导高就很高。

（5）矿山开采。采动矿压由于矿山压力导致底板岩体发生损伤，损伤度增加，断裂速率增加，使得承压水会对裂隙产生更大的侵蚀破坏。

四、底板岩层阻水性能分析研究

底板岩体的阻水性能只有岩体产生结构破坏时才会发生大的变化。底板隔水岩层隔水质量越好，水压破坏和采动破坏强度越小，底板突水就越不容易发生；底板岩层的隔水质量越差，水压破坏和采动破坏强度越大，底板突水就越容易发生。底板隔水岩层隔水质量好坏并不反映底板突水与否，它只反映底板突水的难易程度或可能性的大小。底板岩层的阻水性能是岩层的厚度、性质及层序排列、组合等综合因素的反映。

（1）煤层底板岩层的厚度越大，阻水性能就越强，突水的可能性就越小。因此，隔水层厚度对突水有一定的制约关系。石壕煤矿二$_1$煤下距太原组下部石灰岩 10.37~54.68 m，平均 20.25 m，距奥陶系中统马家沟 28~65 m，平均厚度 49.75 m。所以，在正常的情况下，完整的底板岩层厚度 50 m，突水系数按 0.06 MPa/m 计算，可抵抗 3.0 MPa 的水压，一般不会引起底板奥灰水突水。

（2）底板岩层的岩石力学性质。底板岩层是由不同岩性的岩层组成的，不同岩性的岩层其岩体结构与力学性质不同，抵抗变形、破坏的能力不同。砂岩的抗压强度较大，泥岩的抗压强度较小。

（3）底板岩层层序及组合。不同的岩层组合对底板岩层的阻水性能的影响不同。①上下软中间硬型：采动破坏较小，水压破坏不易发生，这种类型的底板阻水性能较好。②下软上硬型：采动破坏很大，上部裂纹在采动作用下，最容易扩展并相互连通，下部为页岩、泥岩时，不易产生水压破坏，但当水压足够高，且存在断层影响时，易于形成突水通道，阻水性能最差。③互层型（软硬软硬）：通常为砂岩和页岩、泥岩互层，采动破坏和水压破坏都小，是很好的隔水层。④下硬上软型：此类岩层组合采动破坏和水压破坏深度较大，但因上部岩层软，水压在导升一定高度时，很难使其破坏，且上部采动裂隙的贯通率较差。因此，阻水性能较好。

五、断裂构造导水机制

断裂构造突水在煤矿突水中占有较大比例，本矿从开采以来共发生过 18 次突水，直接的断层导水有 3 次，受断层影响突水的有 13 次，占突水的绝大多数。断层突水可分为两种类型：一种是断层原始状态下就可以导水引发的突水；另一种是断层本身不导水，由于采动影响，断裂带再扩展，断层周围伴生小断层发育，导致岩石的完整性受到破坏，隔水能力降低，尤其在奥灰富水性强的部位，奥灰水会在高水头压力下对裂隙溶蚀，扩大孔径，成为突水通道造成突水。

（一）导水断层引起的突水

断层是在岩体形成后的地质运动过程中，沿岩体内破裂面发生明显位移的地质构造。断层的形成是一个极其复杂的力学过程，首先是处于三维压（拉）应力状态下的岩层由于主应力之差造成的剪应力大于岩石的抗剪强度，岩石发生破裂（岩石开裂阶段）；当主应力差造成的剪应力超过该破裂面两侧岩块的摩擦阻力时，两盘沿破裂面发生相对滑动（断层形成阶段）；最后是断层两盘的多次错动，并维持相对稳定的过程（断层发育相对稳定阶段）。

(二)采动引起的断层突水

在采动作用影响下,采场断层会发生重新活动,即"断层的活化"。断层的重新活动使断层带及其附近的岩体中的裂隙发生再扩展作用,致使其渗透性发生改变。原来的非导水断层可能转变为导水断层而引发突水。对于断层活化问题,过去的研究往往注重对矿山压力造成的断层面(带)发生活化的状况的分析,而忽略了断层面(带)附近岩体中伴生构造的活动状况的分析。断层面(带)的重新活动会使断层的导水性发生变化,但断层面(带)附近伴生裂隙的形状改变同样会引发突水。采掘工程直接揭露断层面会引发突水,煤矿发生的几次煤层底板突水并非发生在揭露断层面(带)后造成的,而是靠近断层时发生的,这与断层再活动导致的伴生节理扩展作用有直接关系。

从力学性质上说,煤系中发育的断层可分为五种:张性、压性、扭性、张扭性和压扭性断层。由于石炭-二叠纪煤系形成时间较长,经历了数次大的构造运动,煤系中的断层,尤其是规模较大的断层常具有多期活动的特点。石炭-二叠纪煤田的基本构造格局一般形成于中生代的燕山运动,喜山运动叠加于前期构造形迹基础之上,对其进行改造,并形成了一系列新的构造。华北地区煤田总体构造以张性、张扭性断层为主,造成矿井突水灾害的断层类型也主要为这些断层,尤其是形成时代较新或近期有活动的断层。

本矿在生产中,矿井的大部突水分布在大的断层附近,大多与断层有关,断层沟通顶、底部水与煤层的联系,井巷曾多次穿越一些小断层,并且多次引起突水,水量在 $20 \sim 125 \ \mathrm{m^3/h}$,其来势较猛,破坏性大,说明区内断层及其破碎带既是地下水赋存空间,也是地下水的运移通道,小断层在突水中起了一定的作用,应该加强重视。

通过上述分析可知,由于煤层的采动,导致煤层顶、底板岩体的应力发生变化,进而导致岩体破坏产生裂隙,下部承压水在裂隙中与岩石发生水岩相互作用,导致裂隙的进一步扩大,或者断层的活化,隔水层变薄,进而重复这种作用,当水压大于隔水层的强度时就会发生底板突水。

第六章　煤矿突水的预测及防治

第一节　煤矿突水预测

煤矿突水有多种类型,通常分为顶板突水、底板突水和构造型突水,而此矿突水类型以底板突水为主,在此只讨论底板突水,判断底板突水的方法有:突水系数法、下三带理论法、模糊数学法、神经网络法、地理信息系统法、多源信息复合处理法和突水概率指数法等。突水系数法虽然存在许多缺陷,但比较简单实用;下三带理论法比较接近煤层底板破坏突水的情况,但测试工作较复杂,考虑因素较多;突水概率指数法是一种结合现场实际来预测采场底板突水的一种新方法,它不仅考虑了多种因素对突水的综合影响,而且能够反映研究区的突水规律,应用该方法需要对研究区的底层、构造及水文特征有足够的认识和研究,并且有大量的突水资料。本研究采用突水系数和突水概率统计两种方法分别预测该矿的突水情况,然后再综合分析其突水的可能性。

一、突水系数法

突水系数是指含水层中正常块段静水柱压力与隔水层厚度平衡关系变化规律的比值,即单位厚度隔水层所能承受的极限水柱压力之间的力学平衡条件,用公式表示为

$$T_s = P/M \qquad (6-1)$$

式中　T_s——突水系数;

P——水压;

M——隔水层厚度。

后来考虑隔水层分层岩石力学性质的不同,并参考了匈牙利等值隔水层厚度的概念,又一次对突水系数作了修正,即

$$T_s = P / \left(\sum M_i m_i - C_p \right) \qquad (6\text{-}2)$$

式中　M_i——隔水层底板各分层厚度;

　　　m_i——各分层等效厚度换算系数;

　　　C_p——矿压破坏底板深度;

　　　其他符号含义同前。

结合本矿以前的突水情况,再参考各种岩石突水换算系数的经验值,对本矿进行分析结果如表 6-1 所示,最后得出开采水平在 +200 m 以上,该矿的临界突水系数为 0.05 MPa/m。

表 6-1　二₁ 煤底板灰岩突水力学平衡关系分析

突水地点	标高 (m)	涌水量 (L/h)	水压 (MPa)	隔水层厚度 (m)	实测 T 值
三采区轨道上山	290.7	97	1.393	25	0.06
一采区皮带上山	322	65	1.18	22	0.05
一采区轨道上山	280	81	1.5	28	0.05
一采区皮带上山基 20 点向下 50 m	235.5	66.7	1.95	28	0.07
一采区一号变电所	235	66.67	1.95	28	0.07
南大巷	200	5.4	2.3	15	0.15
南大巷二轨巷 2 点 94 m	200	15	2.3	20	0.12
二采区运输 7.75 m	200	48.17	2.3	20	0.12
二采区皮带下山	335	30	0.95	20	0.05
南大巷	200	15	2.3	20	0.12

根据该矿以前的突水状况分析得出,该矿的底板突水标高多分布在 +200 m 左右,主要是由于水压较大、隔水层厚度较小造成的,并且根据其突水点的位置可以看出,突水还与断裂有关。如果该矿开采水平下降到 +100 m 和 +0 m 时,可以根据其突水系数法,计算出煤层底板所能承受的最大水压值为 200 m 水柱,所以应该把灰岩水的水位控制在 +300 m 和 +200 m,才能保证煤层开采时不会发生底板破坏突水。

二、突水概率指数法

突水概率指数是指应用赋权的方法,将影响底板突水的各种因素在底板突水中所起的作用进行定量化,通过一定的数学模型求得的总体量化指数。

(一)基本步骤

求突水概率指数的基本步骤为:

(1)通过大量的突水资料分析,找出导致煤矿底板突水的主要因素,如含水层的富水性、地质构造发育情况等。

(2)找出主要因素的次级影响因素,如影响地质构造发育情况的次级影响因素有断层、褶皱等。

(3)找出次级影响因素的基本影响因素,如断层落差、倾角等,如果进一步细化,则依次类推。

(4)通过突水资料的分类统计求出各种影响因素的概率指数。例如,以突水通道形式来划分,在 100 个突水案例中,有 60 个是由于断层引起的,有 40 个是由于裂隙引起的,则在计算构造概率指数时,如果是由断层和裂隙两大因素构成的,则断层在构造概率指数计算中所占的权重为 0.6(60%),即断层指数为 0.6;裂隙在构造概率指数计算中所占的权重为 0.4(40%),即裂隙指数为 0.4。

对于无法通过突水资料的分类统计求出概率指数的某影响因素,其概率指数由专家打分给定。例如,含水层的富水性现场分为强、较强、较弱、弱,专家结合现场经验,给出对应的概率指数为1、0.8、0.6、0.4,值得注意的是,应尽量通过突水资料的分类统计求出各种影响因素的概率指数。

(5)建立求突水概率指数的数学模型,最常用的是用赋权求和模型。

(6)将所有的突水案例带入所建立的数学模型,求各案例的突水概率指数,以案例最小的突水概率指数作为预测是否会发生突水的标准。

(7)根据案例的突水概率指数统计,求出各种情况下的某突水程度发生的概率。

(二)影响因素

煤田底板突水的概率影响因素如图 6-1 所示。

突水概率指数的计算公式为

$$E = P_W W + P_S S + P_R R + P_P P + P_G G \qquad (6-3)$$

式中　E——突水概率指数;

　　　W——富水指数;

　　　S——构造指数;

　　　R——隔水层指数;

　　　P——水压指数;

　　　G——矿压指数;

　　　P_W、P_S、P_R、P_P、P_G——W、S、R、P、G 的权重。

突水概率指数法主要是根据现场的实际情况,结合以前的突水点,分析影响突水的因素,根据各因素对突水作用的大小,赋予一定的权值,最终计算其突水的概率大小,通过以前的资料经过验证,再适用于此区,可以直接运用编程软件判断某区的某处是否突水以及其突水量的大小。

权重值是通过专家给分得出的,由于该矿突水资料相对较少,该方法应用得也相对较少,只在山东肥城煤田预测较好,所以其初

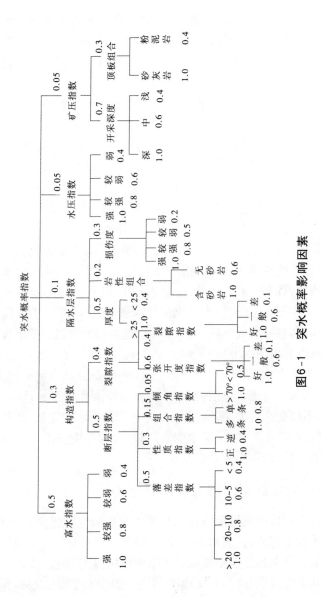

图6-1 突水概率影响因素

始值先参考肥城煤田的权重值,然后结合此区的几次突水影响因素,经过验证后,进行预测。经过分析计算得出 0.58 是此煤田发生突水的最小突水概率,突水概率大于 0.9 时,才可能发生较大型突水。

该方法适用于任何煤矿,只是每个煤矿根据实际情况赋的权值不同,其概率指数判断煤矿是否突水,也应该不同。要正确地判断煤矿是否突水,必须选择底板突水的影响因素及其权值大小,以及选用正确的数学模型,结合煤矿的突水情况,作出正确的判断预测。

通过以上的方法可以看出,判断某一开采点是否会出现突水,最基本的就是分析其水文地质条件,然后结合经验来判断,每种方法都是在此基础上,经过一定的升华得到的。

煤矿深部开采突水分析。由于煤层下部是石炭系和奥陶系灰岩,且在矿区西部和南部岩溶比较发育,富水性好,并且南部奥灰水埋藏浅,且有地表水补给,水源比较丰富,在西南部断层比较发育,多为张扭性正断层,容易成为导水通道,所以在该矿西南部开采时,非常容易形成煤矿突水,必须引起足够的重视。根据煤矿涌水量可以看出,从 2004 年开始,矿坑涌水量急剧增加,分析其原因,主要是 2004 年开采延伸到矿区的西南部,此区水源丰富,断层较多,水很容易进入坑道内,导致涌水量增大。在东北地区,断层较少,不过在靠近 F_{10} 断层时,应该考虑与灰岩水的联系,此处煤层埋藏较深,矿压较大,深层水的水压较大,首先应该疏水降压或者加固隔水层,以免发生底板突水。

三、煤矿底板阻抗突水性能分区

底板岩体阻抗性能的强弱与发生突水的危险程度密切相关。对于采掘工程而言,突水的危险性越明显,对安全开采的威胁性越大。岩体的阻抗性能主要取决于结构特征、力学强度、渗透性能和受力状态等,同时也与水文地质、工程地质条件有关。根据底板阻抗突水原则和依据对该区进行分区。

(一)矿区抗突水岩体分区的依据

矿区抗突水岩体分区的依据如下:

(1)矿区地质结构制约下的水文地质结构单元同区域水文地质结构体系之间的连通特性;应特别注意软弱破碎结构因素构成的富水带与强渗带。

(2)矿区不同水文地质结构单元之间的连通程度;抗突水岩体结构特征及其对矿区不同水文地质结构单元之间的连通性;以及由此决定的矿区不同地下水流场之间的联系特性;应特别注意分割与沟通性充分的水文、工程地质薄弱环节和因素。

(3)矿区水文地质结构特性与工程地质条件制约下的抗突水岩体,对地下水能量的储存和释放特性与差异性。

(4)原生强渗通道的发育程度与特征。

(5)形成次生强渗通道的基本工程地质力学条件与可能性。

(6)可能发生的突水机制和类型。

(7)在未来采深不断发展条件下抗突水岩体的空间部位与特点。

(二)煤层底板岩体阻抗突水性能分区与评价

根据分区原则和依据,依据煤层埋深的不同和底板阻抗性能的差异,把本区划分为 2 个一级区,各一级区根据断裂构造的不同再划分为二级亚区,见图 6-2。

各个区、段底板岩体阻抗突水的基本性能简述见表 6-2。

(三)基本结论

根据井田划分的两个区和七个亚区,定性地显示出该区底板岩体阻抗突水性能的空间差异性。岩体的阻抗突水性能与水文地质条件有关,富水性较好的西南部,涌水量大,难以疏干,易发生突水。岩体的阻抗突水性能与构造有关,构造断裂发育明显的地区,岩石比较破碎,阻抗性能较差,易发生底板突水。它还与煤层开采的深度有关,开采较深,水压较大,突水系数变大,极易发生突水。

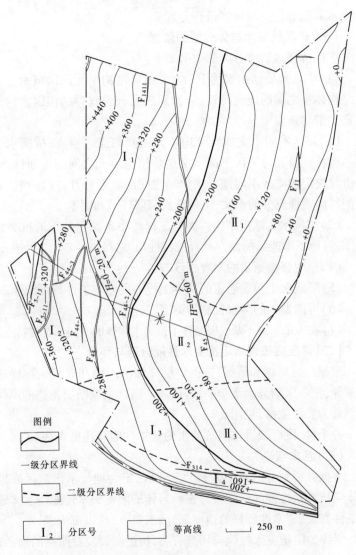

图例

一级分区界线

二级分区界线

$\boxed{\mathrm{I}_2}$ 分区号

等高线

250 m

图6-2 阻抗突水性能分区

表 6-2　石壕煤矿二$_1$煤层底板岩体阻抗突水性能分区说明

分区代号		分区名称	空间位置	岩体结构特征与类型	阻抗突水性能简评
一级	二级				
I 西 部 浅 层 区	I$_1$	阻抗性能一般的较安全区	井田西北部标高在200m以浅	缓倾互层板块结构	该区大断层较少,小断层集中分布,煤层埋藏较浅,岩溶裂隙发育,在采动影响下极易扩展,导致底板突水,因该段含水层较薄,出水量不会太大
	I$_2$	阻抗性能差的危险区	井田中部向斜轴部断层集中区	缓倾的碎板块结构	该区处于向斜轴部,并且大断层集中出现,岩层比较破碎,岩溶裂隙比较发育,富水性好,极易发生突水,水量较大,排水困难,属于危险区段
	I$_3$	阻抗性能一般的较危险区	井田西南部底层变陡区	中倾互层板块结构	该区处于向斜南翼,地层变陡,煤层埋藏较浅,水压较高,富水性较好,容易发生底板突水,涌水量大,属于较危险区
	I$_4$	阻抗性能差的危险区	井田南部地层向东北陡倾直立区	陡倾的互层板块结构	该区位于井田南部,地层直立,近乎倒转,煤层出露浅,并且此区岩溶比较发育,富水性好,与地表水联系密切,很容易发生突水,涌水量大,难排干,属于危险区

分区代号		分区名称	空间位置	岩体结构特征与类型	阻抗突水性能简评
一级	二级				
Ⅱ 东部深层区	Ⅱ₁	阻抗性能较好的安全区	井田东北标高小于200m区	缓倾互层板块结构	该区位于向斜北翼,断层较少,岩层比较完整,煤层埋藏较深,岩溶裂隙不发育,但是水压较高,底板易破坏而发生突水,涌水量较小,易疏干
	Ⅱ₂	阻抗性能一般的危险区	井田中部向斜轴部埋藏较深区	缓倾的板块结构	该区位于向斜轴部的径流排泄区,水压高,底板裂隙易扩展破坏发生突水,水量大,危害比较严重
	Ⅱ₃	阻抗性能一般的较危险区	井田东南部地层变陡区	中倾互层板块结构	该区处于向斜南翼,地层变陡,煤层埋藏较深,水压较高,富水性一般,容易发生底板突水,涌水量大,属于危险区

综上所述,该区最易发生突水的部位是I_2区,该区构造比较发育,岩体比较破碎,富水性好,水压较大,所以突水事故很容易发生,结合以前的突水资料分析可知:该区的突水系数大,发生突水次数较多,并且涌水量大,危害严重,应该加强重视。其次是$Ⅱ_2$区和I_4区,$Ⅱ_2$区位于向斜轴部,并且是排泄区,水压大,开采较深,破坏严重,也很容易发生突水;I_4区位于井田南部,灰岩在矿

区周围出露,岩溶裂隙比较发育,含水丰富,并且与大气降水和地表水联系密切,煤层埋藏较浅,一旦发生突水,涌水量很大。 I_3 区和 II_4 区岩层变陡,开采过程中容易发生地层垮落导致突水,所以应该防范。 I_1 区和 II_1 区,岩体比较完整,岩溶裂隙发育相对较差,富水性弱,所以属于相对安全区。

第二节 煤矿突水的预防措施

矿区地下水的防与治是密不可分的,与其治理不如预防,所以无论采用何种治水方案,都必须先做好防水工作。根据煤矿突水分析可以看出,煤矿突水受多种因素影响,而发生煤矿突水的最基本条件:一是突水水源的存在;二是充水途径。预防水害都是考虑这两方面的因素。一般的防水工作是从地面和井下两方面进行的。

一、地面防水

虽然以前发生的突水和地表水基本无联系,但是也不应该忽视地表水体对矿体存在的潜在威胁性,尤其在矿区南部,煤层埋藏较浅,地表水和奥陶系灰岩水联系密切,应该加强地表水的检测与控制。在雨季,由于降水量大,地表水和降水易通过各种裂隙通道和岩溶塌陷的方式向矿坑排泄,造成水害,危及煤矿的生产和安全。所以,应该在地表开挖排水沟、防水堵漏等措施。

二、井下防水

本区的突水主要是地下水的入侵造成的,大多与断层和裂隙有关,所以预防应从这方面入手,采用封堵涌水通道,修建防水闸门或水闸墙,提前疏水降压以及超前探水等措施。

(一)封堵涌水通道
对于调查已经存在的大的裂隙通道,以及岩溶柱,有可能引发地下水与坑道的联系,所以应该进行水泥堵填,阻绝与水源的联系,尤其在奥陶系和石炭系灰岩之间有小的断层存在,有可能沟通两含水层,进而在矿井中发生大型突水,12051 工作面突水就是因为小断层引发的煤矿突水,所以应该做好预防措施。

(二)修建防水闸门或水闸墙

在可能发生突水的采区巷道进出口处或井下重要设施的通道,可以修建防水闸门,一旦突水,可以关闭闸门,控制水害。另外,在局部有突水威胁的采掘工作面,可以修建水闸墙,将水堵截在小范围内,以防突水波及全矿。

(三)提前疏水降压

煤矿的深层开采大多是带压开采,容易产生底板突水,尤其是隔水层较薄的地区,在开采前,可以通过在采区周围布置抽水井,计算出开采的安全水位,使其降到一定高度,再进行开采,这样可以保证开采时,不会发生底板破坏突水。

(四)超前探水

矿坑水患,不仅在于水量大、水压高,更重要的是在于其突然性。超前探水就是在采掘过程中对于可能有水患的地段,如大断层发育处,提前进行钻探,以查明采掘工作面的前方、侧帮或顶、底板的水情,确保安全生产的一项重要防水措施。

第七章 结论及建议

通过前文的研究,可以得出以下结论:

(1)通过分析煤矿的充水水源和充水途径可知,该井田对煤层开采危害严重的是奥陶系灰岩,虽然作为煤矿充水的间接水源,但是由于大断层的存在,缩短了含水层与煤层之间的距离,并且小断层也在此起了连通作用,由于奥陶系灰岩水具有静储量大、水压高等特点,一旦突水,涌水量大,难疏干,危害严重,应该加强重视。

(2)结合以前的突水情况,用突水的水质和水量作为判别指标,通过建立人工神经网络模型,来判断突水水源,经过分析和验证可知,该方法在判别突水水源上具有一定的实用性,如果以大量的实测数据为基础,其判断结果将会更加准确,并且可以考虑多种突水因素的影响。

(3)结合该区的水文地质条件,运用不同的计算方法对矿井涌水量进行预测,并且建立了矿区的地下水流数值模型,通过分析和预测得出煤矿开采水平为 +100 m 时的矿坑涌水量为 350 ~ 540 m^3/h。当开采水平为 +0 m 时,矿井涌水量最大可达 650 m^3/h,煤层底部灰岩水的水位必须降至 +200 m 才不会引起底板突水,而预计使水位下降到 +200 m 时的降压疏水量为 9 600 m^3/d。

(4)通过分析研究煤矿的突水过程可知,由于煤层的采动,导致煤层顶底板岩体的应力发生变化,使得岩体破坏产生裂隙,下部承压水在裂隙中与岩石发生水 - 岩相互作用,导致裂隙的进一步扩大,或者断层的活化,隔水层变薄,进而重复这种作用,当水压大于隔水层的强度时就会发生底板突水。

(5)结合以前的突水情况,利用突水系数法分析该矿的突水临界突水系数为 0.05 MPa/m。通过突水概率指数法分析计算得出 0.58 是此煤田发生突水的最小突水概率,突水概率大于 0.9 时,才可能发生较大型突水。从而得出该区阻抗突水性能最差的是井田西部向斜轴部断层最发育的区段,所以开采过程中应该做好预防措施。

鉴于以上结论,为了煤矿的安全生产,及矿坑排水、供水、生态环保的一体化。特提出以下建议:

(1)为了减少水害,应该加强预防措施,从井面防水和地下防水两方面着手,综合治理,减少水害。

(2)通过上面分析可知,深部开采,煤矿将会是带压开采,突水可能性较大,事先应该做好充水水源和充水途径的调查,采取相应的治理措施,如堵截裂隙通道等。疏水降压可能带来一些环境问题,可以考虑加固隔水层,减少地下水的排泄。

(3)可以在煤矿中建立一套突水预测系统,分析和预测是否会发生突水,了解突水概率以及突水量的大小。

(4)运用先进的方法判别突水水源,使突水后的治理更加快捷方便。

(5)把先进的方法技术运用到突水预测中,利用煤层底板突水的智能化监测技术,及时捕捉重要信息,减缓矿井突水。

(6)煤矿开采排出的水,经过净化装置后,可以用来供给居民生活用水,减少水资源的浪费。

参 考 文 献

[1] 王作宇,刘鸿泉. 承压水上采煤[M]. 北京:煤炭工业出版社,1993.

[2] 张金才,张玉卓,刘天泉. 岩体渗流与底板突水[M]. 北京:地震出版社,1997.

[3] 许学汉. 煤矿突水预测预报研究[M]. 北京:地质出版社,1992.

[4] Haykin S. Neural Networks. A Comprehensive Foundation[M]. Macmillan College Publishing Company, 1994.

[5] Azimi MR. et al. Fast Learning Process of Multilayer NN Using RLS Methods[J]. IEEE, Trans, Signal Processing, 1992.

[6] Mulgrew B. Applying RBF[J]. IEEE Signal Processing Magazine. 1996(2).

[7] Yi Set. et al. Global Optimization for NN Training[J]. IEEE Computer, 1996(3).

[8] Sarker D. Methods to speed up EBP Learning Algorithms [J]. ACM Computing Survey, 1995(4).

[9] 高延法,等. 底板突水规律与突水优势面[M]. 徐州:中国矿业大学出版社,1999.

[10] 李金凯,等. 矿井岩溶水防治[M]. 北京:煤炭工业出版社,1990.

[11] 李加祥. 用模糊数学预测煤层底板的突水[J]. 山东矿业学院学报, 1990 (1).

[12] 高航,孙振鹏. 煤层底板采动影响的研究[J]. 山东矿业学院学报, 1987 (2).

[13] 孙苏南,曹中初,郑世书. 用地理信息系统预测煤矿底板突水——以峰峰二矿小青煤采区为例[J]. 煤田地质与勘探,1996(6).

[14] 王玉芹. 煤层底板突水机理分析与预测分区[J]. 煤炭科技,2000 (2).

[15] 杨天鸿,唐春安,刘红元,等. 承压水底板突水失稳过程的数值模型初探[J]. 地质力学学报,2003 (3).

[16] 邱秀梅,王连国. 煤层底板突水人工神经网络预测[J]. 山东农业大学

学报(自然科学版),2002(1).

[17] 冯启言,陈启辉. 煤层开采底板破坏深度的动态模拟[J]. 矿山压力与顶板管理,1998(3).

[18] 武强,周英杰,钟亚平,等. 煤层底板断层滞后型突水时效机理的力学试验研究[J]. 煤炭学报,2003(6).

[19] 毕贤顺,王晋平. 矿井底板突水的数值模拟[J]. 淮南矿业学院学报,1997(1).

[20] 杨映涛,李抗抗. 用物理相似模拟技术研究煤层底板突水机理[J]. 煤田地质与勘探,1998(增刊).

[21] 代长青,何廷峻. 承压水体上采煤底板断层突水规律的研究[J]. 安徽理工大学学报(自然科学版),2003(4).

[22] 刘伟韬,宋传文,张国玉. 底板突水的专家评分层次分析预测与评价[J]. 工程勘察,2002(1).

[23] 黎梁杰,钱鸣高,闻全,等. 底板岩体结构稳定性与底板突水关系的研究[J]. 中国矿业大学学报,1995(4).

[24] 张文泉,刘伟韬,王振安. 煤矿底板突水灾害地下三维空间分布特征[J]. 中国地质灾害与防治学报,1997(1).

[25] 靳德武. 我国煤层底板突水问题的研究现状及展望[J]. 煤炭科学技术,2002(6).

[26] 沈继方,等. 矿床水文地质学[M]. 北京:中国地质大学出版社,1982.

[27] 柴登榜,等. 矿井地质工作手册[M]. 北京:煤炭工业出版社,1984.